Kurt Weichler ist Professor am Institut für Journalismus und Public Relations an der Fachhochschule Gelsenkirchen. Er war zuvor viele Jahre Chefredakteur und Verlagsleiter in deutschen Zeitschriftenverlagen und hat sich vor allem auf Corporate Publishing, Redaktionsmanagement sowie Journalismus als Beruf spezialisiert.

Stefan Endrös gehört zu den Pionieren im deutschsprachigen Corporate Publishing. Er ist Geschäftsführer und Gesellschafter von Journal International, dem in München ansässigen Mediendienstleister, der unter anderem die Kundenzeitschriften von Steigenberger, Kaiser's Tengelmann, MAN Nutzfahrzeuge, Osram, American Express oder der Drogeriekette Rossmann produziert. Er gehört zu den Gründungsmitgliedern des Forums Corporate Publishing.

Kurt Weichler
Stefan Endrös

Die Kundenzeitschrift

2., überarbeitete Auflage

UVK Verlagsgesellschaft mbH

PR Praxis
Band 3

Bibliografische Information der Deutschen Nationalbibliothek
Die Deutsche Nationalbibliothek verzeichnet diese Publikation in der Deutschen Nationalbibliografie; detaillierte bibliografische Daten sind im Internet über http://dnb.d-nb.de abrufbar.

ISSN 1863-8988
ISBN 978-3-86764-263-7

Das Werk einschließlich aller seiner Teile ist urheberrechtlich geschützt. Jede Verwertung außerhalb der engen Grenzen des Urheberrechtsgesetzes ist ohne Zustimmung des Verlages unzulässig und strafbar. Das gilt insbesondere für Vervielfältigungen, Übersetzungen, Mikroverfilmungen und die Einspeicherung und Verarbeitung in elektronischen Systemen.

1. Auflage: 2005
2. Auflage: 2010

© UVK Verlagsgesellschaft mbH, Konstanz 2010

Einband: Susanne Fuellhaas, Konstanz
Einbandfoto: Istockphoto Inc.
Satz: PTP-Berlin Protago T_EX-Production GmbH, Berlin
Druck: fgb · freiburger graphische betriebe, Freiburg

UVK Verlagsgesellschaft mbH
Schützenstr. 24 · 78462 Konstanz
Tel.: 07531-9053-0 · Fax: 07531-9053-98
www.uvk.de

Inhalt

Einleitung		7
1	**Definition**	15
2	**Funktion**	23
2.1	Das Image verbessern	24
2.2	Die Kunden binden	25
2.3	Zuständigkeit im Unternehmen	28
3	**Markt**	33
3.1	Kundenzeitschriften historisch	33
3.2	Marktdaten	34
3.3	Finanzierung und Kosten	41
3.4	Refinanzierungsmöglichkeiten	47
3.5	Ökonomische Bedeutung	50
3.6	Mediendienstleister	51
3.7	Branchen	55
4	**Trends**	61
4.1	Kundenzeitschriften mit TV-Programm	61
4.2	Corporate Books	64
4.3	Crossmedia und Internet	67
4.4	Couponing	71
4.5	Absatzförderung	73
5	**Fallstudien**	89
5.1	Bäckerblume	89
5.2	Centaur	92
5.3	Lufthansa Magazin	96
5.4	think:act	100
5.5	t-mobile_life	103
5.6	The Mini International	107

6	**Erfolg**	111
6.1	Kampf um die Aufmerksamkeit	112
6.2	Leserakzeptanz als Schlüssel zum Erfolg	112
6.3	Bekanntheit und Nutzung	114
6.4	Erfolgsfaktor journalistische Qualität	118
6.5	Guter Journalismus ist der beste Verkäufer	121
6.6	Zielgruppengerechte Themenwahl	122
6.7	Visuelle Gestaltung	128
6.8	Wirkung und Kontrolle	134
7	**Praxis**	141
7.1	Gründe für eine Kundenzeitschrift	141
7.2	Konzeption	146
7.3	Redaktionelle und grafische Umsetzung	155
7.4	Vertrieb und Administration	184
7.5	Kostenmanagement und Honorare	187
8	**Beruf**	191
	Glossar	199
	Literatur	203
	Index	210

Einleitung

Rund 15.000 Zeitschriften, eine Gesamtauflage von geschätzten drei Milliarden Exemplaren und ein jährliches Umsatzvolumen der Corporate-Publishing-Branche in etwa der gleichen Höhe in Euro. Der Markt der Kundenzeitschriften ist längst kein Nischenmarkt mehr. Allein die Versicherungsbranche wendet sich mit rund einhundert verschiedenen Zeitschriften in einer Gesamtauflage von etwa 60 Millionen Exemplaren an ihre Kunden. Und wer mit Kundenzeitschriften immer noch die Ödnis ungehemmter Selbstbeweihräucherung und platter Produktpropaganda verbindet, übersieht, dass in diesem Genre inzwischen eine inhaltliche und gestalterische Vielfalt herrscht, die den Wettbewerb mit professionell gemachten Kaufzeitschriften nicht zu scheuen braucht. Kundenmagazine wie THE MINI INTERNATIONAL, LUFTHANSA MAGAZIN, DEPARTURES von American Express oder GEKKO von der Gmünder Ersatzkasse sind in ihrer Qualität den meisten Publikumszeitschriften am Kiosk ebenbürtig. Ungeschminkte Firmenverlautbarungen wird man in diesen Magazinen vergebens suchen, denn auch die Leser von Kundenzeitschriften erwarten vor allem zwei Dinge: Nutzwert und Glaubwürdigkeit. Und die Kundenzeitschriften herausgebenden Unternehmen liefern beides in wachsendem Umfang. In vielen Fällen sorgen Journalisten, die auch für Kaufmedien schreiben, für das erforderliche sprachliche und inhaltliche Niveau, die passende Themenauswahl und eine hohe Glaubwürdigkeit. Frühere Berührungsängste zwischen Journalisten und Öffentlichkeitsarbeitern haben sich in den letzten Jahren beträchtlich reduziert, seitdem für die Unternehmen nicht mehr der unmittelbare Verkauf, sondern Kundenbindung und Imagepflege im Vordergrund stehen. Auf die simple Erkenntnis, dass es angesichts gesättigter Märkte leichter und preiswerter ist, einen Kunden zu halten, als einen neuen zu gewinnen, ist auch der anhaltende Boom der Kundenmagazine zurückzuführen. Eine wachsende Zahl von Unternehmen sieht im Instrument der Kundenzeitschrift die optimale Möglichkeit, den bereits vorhandenen Kundenkreis an die eigene Marke zu binden. Dabei schlägt die Kundenzeitschrift in vielen Fällen das Instrument Werbung aus dem Rennen. Im Vergleich zur Schaltung von TV-Spots und Imageanzeigen in Zeitungen und Zeitschriften erweist sich die Kundenzeitschrift in vielen Fällen als die preiswertere, zielgruppengenauere und damit effizientere Lösung. Ein weiterer Grund für die gestiegene Bedeutung der Unternehmensmedien ist darin zu sehen, dass in der Gesellschaft von den Unternehmen zusehends mehr soziale und ökologische Verantwortung erwartet wird. Dieser Verantwortung kommen etliche Unternehmen durch einen verstärkten Dialog mit den von den Entscheidungen des Unternehmens betroffenen Menschen nach. Die Kundenzeitschrift ist ein geeignetes Mittel, um diesen Dialog zu intensivieren (Giovanelli 2004, 8). Vor diesem Hintergrund hat sich der Markt für Kundenzeitschriften im deutschsprachigen Raum in den letzten Jahren sehr positiv entwickelt. Seit 1999 stieg die absolute Titelzahl der Kundenzeitschriften im deutschsprachigen Raum von circa 2.500 auf knapp 15.000. Folglich sind Kundenzeitschriften der einzige Teilbereich der Printmedien, der nicht in das allgemeine Klagelied über konjunkturelle und strukturelle Schwierigkeiten einstimmt, weil die eigene Entwicklung in den letzten Jahren im Vergleich zu den Kaufzeitschriften so ungemein positiv verlaufen ist.

Forschungsstand

Mit der wachsenden Bedeutung von Kundenzeitschriften für die Unternehmenskommunikation hat die Erforschung dieses Zeitschriftengenres bislang nicht Schritt gehalten. Sowohl in der kommunikationspraktischen als auch in der PR-wissenschaftlichen Literatur hat das Genre bisher nur wenig Beachtung gefunden. Dabei ist das Thema als Forschungsgegenstand hoch interessant. Kundenzeitschriften nehmen eine »mediale Sonderstellung« (Röttger 2002, 123) ein. Sie agieren an der Schnittstelle von Public Relations, Marketing und Journalismus. Als Instrument der PR sind sie Auftragskommunikation: In Abhängigkeit von ihren Auftraggebern stellen sie Beziehungen zu unternehmensrelevanten Zielgruppen her. Als Instrument des Marketings versuchen sie zum Markenbild beizutragen, als Instrument des Vertriebs den Produktabsatz zu erhöhen. Andererseits gerieren sie sich dabei in Aufmachung, Erscheinungsweise, Themenauswahl und Sprache wie ein journalistisches Medium und buhlen auf diesem Wege um größtmögliche Glaubwürdigkeit. Dass eine solche Positionierung nicht immer ohne Spannung umzusetzen ist, ist offensichtlich. Diese Lage »zwischen den Stühlen« ist ein Grund dafür, dass sich das Land der Kundenzeitschriften weitgehend als Terra incognita präsentiert. Es gibt einige wenige systematische, wissenschaftliche Untersuchungen.

Frank Müller hat das Genre bereits in den Neunzigerjahren untersucht. Er befragte im Rahmen seiner Dissertation im Zeitraum 1995/1996 die 400 umsatzstärksten Unternehmen in Deutschland und der Schweiz zu ihren

Kundenzeitschriften (Müller 1999). Herausgekommen ist dabei eine beschreibende Typisierung von Kundenzeitschriften aus betriebswirtschaftlicher Sicht. Besonders rührig zeigte sich mit Blick auf das Forschungsfeld das Institut für Publizistikwissenschaft und Medienforschung der Universität Zürich (IPMZ). Im Auftrag des Forum Corporate Publishing (FCP), einem Zusammenschluss von Corporate-Publishing-Dienstleistern aus Deutschland, Österreich und der Schweiz, fragte das IPMZ Instrumente, Strategien und Perspektiven im Corporate Publishing bei den Top-400-Unternehmen der Deutschschweiz ab (vgl. FCP 2002c, 1). Aus dieser Studie stammt unter anderem das Wissen darüber, dass mehr als die Hälfte dieser Unternehmen regelmäßig Zeitungen oder Zeitschriften produzieren lässt. Am IPMZ entstanden in der Folge auch mehrere Studienabschlussarbeiten. Christoph Möller untersuchte 14 Kundenzeitschriften aus der Automobilbranche (Möller 2002). Michaela Eicher beschäftigte sich mit der Imagefunktion von Kundenzeitschriften (Eicher 2003) und Iris Giovanelli analysierte Kundenzeitschriften an der Grenzlinie zwischen Public Relations und Journalismus (Giovanelli 2004). Diese Lizenziatsarbeiten wurden in der Regel von Ulrike Röttger betreut; die inzwischen eine Professur für Public Relations an der Westfälischen Wilhelms-Universität in Münster innehat. Röttger selbst hat 2002 unter der Überschrift »Kundenzeitschriften: Camouflage, Kuckucksei oder kompetente Information?« den zentralen Artikel über Entwicklung, Forschungsstand und Merkmale der Kundenzeitschriften in den letzten Jahren geschrieben (Röttger 2002).

An der Fachhochschule Gelsenkirchen verfasste Christine Baumgart ihre Studienabschlussarbeit zum Thema »Die Kundenzeitschrift als Instrument der Kundenbindung am Beispiel des Audi Magazins« (Baumgart 2003) und Christina Czwikla schrieb über Kundenzeitschriften als attraktive Berufsalternative für Journalisten aus den Kaufmedien (Czwikla 2004), Sabine Pfautsch über »Die Wahrnehmung von Anzeigen in Kundenzeitschriften« (Pfautsch 2009). Ebenfalls im Jahr 2009 fragte Nadine Hantke »Wie glaubwürdig sind Kundenzeitschriften?« (Hantke 2009: »PR unter dem Deckmantel des Journalismus«). Weitere Abschlussarbeiten stammen von Vera Schankath, (2008, Die Sprache des Corporate Publishing), Nadine Kleinert (2008, Trojanisches Pferd Kundenzeitschrift: Journalismus versus Public Relations: Die Magazine von Audi, BMW, Mercedes und Porsche in der Analyse), Kerstin Pindeus (2009, Corporate Publishing in Industrieunternehmen) und Tobias Uffmann (2008, CP 2.0. Corporate Publishing im digitalen Zeitalter).

Auch der Beitrag der Corporate-Publishing-Branche selbst zur systematischen Untersuchung der eigenen Medien war 2010 noch immer recht überschaubar. Eine der ersten Branchenstudien stammt von der Redaktion Wirtschaft, die 1994 insgesamt 168 Unternehmen zu Kosten und Organisation ihrer Kundenzeitschriften befragte (Redaktion Wirtschaft 1995). Dieselbe Agentur, die sich in der Zwischenzeit in »Plan P.« umbenannt hatte, wiederholte ihre Befragung in ähnlicher Form im Jahr 1999. Dieses Mal beantworteten 53 Unternehmen den Fragebogen des Corporate-Publishing-Dienstleisters (Plan P. 1999). 2005 folgte dann vom selben Auftraggeber, diesmal aber durchgeführt vom Institut für Journalismus und PR der Fachhochschule Gelsenkirchen, die Studie »Kosten und Organisation – Kundenzeitschriften 2005« (Weichler/Plan P. 2005). Der Vergleich zwischen den Studien ermöglichte erstmalig Einsichten in die Entwicklung des Mediums Kundenzeitschriften. 2009 war es wieder das Institut für Journalismus und PR, das für den Auftraggeber Journal International die Glaubwürdigkeit von Kundenzeitschriften im Vergleich zu den übrigen Medien erhob (Weichler/Endrös 2009).

Große Aufmerksamkeit erhält das Thema Kundenzeitschriften auch bei der Deutschen Post. Das wundert nicht, wenn man sieht, dass drei Viertel aller Kundenzeitschriften mithilfe des gelben Riesen zum Kunden kommen. Folglich haben die Marketingfachleute der Post seit Jahren ein starkes Interesse, den Boom dieses zweiten Zeitschriftenmarktes zu unterstützen. Sie fördern die Neugründung und das Wachstum von Kundenzeitschriften nicht nur durch spezielle Versandtarife, sondern auch durch die Herausgabe eines Handbuches. Der »CP Ratgeber«, der aus dem Internet heruntergeladen werden kann, erklärt im Detail, was es bei der Produktion einer Kundenzeitschrift alles zu beachten gilt, und ist ein gutes Beispiel für einen an der Praxis orientierten Ratgeber.

Der Konzeptions- und Herstellungsprozess von Kundenzeitschriften steht auch im Mittelpunkt des Buches »Erfolgsfaktor Kundenzeitschrift. Von der Idee bis zum Vertrieb«, das die freie Journalistin und PR-Beraterin Heike Steinmetz 2003 veröffentlicht hat (Steinmetz 2003).

Eckdaten wie Anzahl der Titel und Auflagengrößen zum deutschsprachigen Kundenzeitschriftenmarkt lieferte viele Jahre vorrangig das Medienbüro MMM in Hamburg. Da diese Markterhebungen vor allem von der Initiative des Inhabers Bernd Jürgen Martini lebten, ist diese Quelle mit seinem Tod im März des Jahres 2003 versiegt.

Ende 2004 veröffentlichte der auf Mediendaten spezialisierte Fachverlag Zimpel erstmalig seinen Überblick über den deutschen Corporate-Publishing-

Markt. Das Nachschlagewerk »Kundenmagazine. Your key to a rising market« zählte rund 800 werberelevante Kundenzeitschriften. Gegliedert nach Branchen und Themen werden die einzelnen Titel vorgestellt mit Angaben zu Herausgebern, Ansprechpartnern, Charakteristika, Auflagen, Erscheinungsweisen, Anzeigenpreisen, Formaten und Zielgruppen. Das Buch enthält auch eine Übersicht über die Mediendienstleister, die Kundenzeitschriften im Auftrag realisieren. Inzwischen umfasst die Zimpel-Übersicht 1.000 Kundenzeitschriften, existiert aber nur noch in einer Online-Version.

Rezeptionsforschung

Die wenigen genannten Untersuchungen reichen aus, um Zielsetzungen, Funktionen, Organisation, Produktionsweisen und Vertriebswege von Kundenzeitschriften recht präzise und allgemein gültig zu beschreiben. Sie reichen nicht aus, wenn es um die Beantwortung der Frage geht, was eigentlich die Leser von diesen Kundenzeitschriften halten? Aus dem rasanten Anstieg von Titelzahl und Auflage allein lässt sich nicht ersehen, ob die vielen Blätter auch die von den Unternehmen gewünschte Wirkung bei ihren Kunden erzielen. »Eine systematische Forschung zur Rezeption von Kundenzeitschriften fehlt bislang noch, obwohl gute Leser- und Kundenkenntnisse nötig wären, um das Medium auf die Kunden abzustimmen« (Giovanelli 2003, 14).

Das Forum Corporate Publishing (FCP) hat dieses das Wachstum gefährdende Manko erkannt und bemüht sich darum es abzustellen. In diesem Forum haben sich 1999 vierzehn Mediendienstleister der aufstrebenden Branche zu einem Interessensverband zusammengeschlossen. Zehn Jahre später ist der Verband mit rund 100 Mitgliedern bereits der größte seiner Art in Europa. Das FCP versteht sich als Dienstleister für die Mitgliedsunternehmen und versucht den Imageaufbau der expandierenden Branche positiv zu beeinflussen. Aus dem Namen ist abzulesen, dass sie Kundenzeitschriften lediglich als einen, wenn auch wesentlichen Teil ihrer Dienstleistungen betrachten. Weitere Dienstleistungen unter dem CP-Dach sind zum Beispiel Geschäftsberichte, Corporate Books und zunehmend elektronische Medien.

In Zusammenarbeit mit dem FCP hat das Institut für Demoskopie Allensbach im Jahr 2000 unter dem Titel ARMAda (Allensbacher Relation-Media-Analyse) eine Pilotuntersuchung angeschoben, in der über 2.000 Leser der hier so genannten Business-Medien befragt wurden. Vier Fünftel der Befragten gaben an, dass sie eines oder mehrere solcher Business-

Medien kennen und hin und wieder lesen würden. Die Autoren der Studien wiesen allerdings darauf hin, dass die Fallzahlen zu gering wären, »um Struktur und Interessen der Leserschaft für jeden einzelnen Titel der Kundenzeitschriften durchzuführen« (Institut für Demoskopie Allensbach 2000, 5). Weil es an Geld fehlte, konnte die Studie nicht fortgesetzt werden.

Das Marktforschungsinstitut TNS Emnid führt seit mehreren Jahren Erhebungen zur Nutzung und Bewertung von Kundenzeitschriften durch. Das Untersuchungsdesign »CP Standard« wurde zusammen mit dem Branchenverband Forum Corporate Publishing entwickelt. Auftraggeber sind in der Regel Unternehmen, die Kundenzeitschriften herausgeben, bzw. Dienstleister, die sie redaktionell betreuen. Nach rund 60 Untersuchungen zog TNS Emnid eine kleine Zwischenbilanz:

- Postalisch zugestellte Magazine werden häufiger und regelmäßiger gelesen als Magazine im freien Vertrieb (Auslage, Supplement).
- Je höher der Seitenumfang, desto höher ist die Leser-Blatt-Bindung und die Zufriedenheit mit der thematischen Ausrichtung des Magazins.
- Unterhaltungswert des Magazins und die Lieferung nutzwerter Informationen sind die wichtigsten Treiber der Leser-Blatt-Bindung.
- Je regelmäßiger und häufiger ein Magazin erscheint, desto höher ist die Leser-Blatt-Bindung.

Das Gros der Kundenzeitschriftenmacher scheut aber die verhältnismäßig teuren Emnid-Untersuchungen, wenn es um die Erfolgskontrolle geht. Einzelne Kundenzeitschriftenmacher versuchen diesen Nachteil auszugleichen, indem sie Response-Elemente in ihre Blätter integrieren. Mit Leserbefragungen, Leserreisen und Gewinnspielen loten sie das Echo auf ihre Zeitschriften aus. Auch wenn die Produktion von Kundenzeitschriften im Vergleich zu manchen Werbeformen preiswerter ist, kommt sie die herausgebenden Unternehmen möglicherweise auf Dauer teuer zu stehen, wenn nicht zuverlässig geklärt wird, was mit diesem Kommunikationsmittel bei der Zielgruppe erreicht wird. Der Aufbau und die Durchführung zuverlässiger Evaluationsinstrumentarien werden von daher von immer größerer Bedeutung für die Branche, wenn sie weiteres Wachstum, aber auch die dauerhafte Sicherung vorhandener Bestände anstrebt. Als Schritt in diese Richtung mag auch die Gründung des European Institute for Corporate Publishing (EICP) im Jahr 2006 durch das Forum Corporate Publishing gedacht sein. Es soll helfen, die Kernbereiche des Corporate Publishing »wissenschaftlich zu durchleuchten.«

Gliederung des Buches

Das vorliegende Buch versteht sich als Grundlagenwerk zum Thema Kundenzeitschriften. Es reflektiert die vorhandenen Erhebungen aus dem Lager der Mediendienstleister und das schmale Angebot an wissenschaftlicher Sekundärliteratur.

Kapitel 1 (Definition) grenzt den Gegenstand der Untersuchung ein, indem es die Begrifflichkeiten (Corporate Publishing, Stakeholder, Business Medien, Unternehmensmagazine usw.) und Merkmale von Kundenzeitschriften definiert. Außerdem werden die Kundenzeitschriften nach ihren Zielgruppen unterschieden.

Kapitel 2 (Funktion) geht den Aufgaben und Zielen von Kundenzeitschriften unter dem Dach der Unternehmenskommunikation und im Rahmen des Corporate Publishing nach. Es beschreibt die organisatorische Zuordnung der Kundenzeitschrift im Unternehmen und die Konkurrenz zu den Kaufzeitschriften.

Kapitel 3 (Markt) analysiert den Markt der Kundenzeitschriften. Auf einen kurzen historischen Abriss folgen die wesentlichen Strukturdaten (Auflagen, Erscheinungsweisen, Umfänge usw.). Außerdem präsentiert das Kapitel die wichtigsten Wirtschaftsbranchen, die Kundenzeitschriften herausgeben, markante Praxisbeispiele und die wichtigsten Dienstleister, die sich auf die Produktion von Kundenzeitschriften spezialisiert haben. Abgeschlossen wird das Kapitel mit einigen Trends, die im Markt zu beobachten sind (Couponing, Internet, TV-Kundenzeitschriften usw.).

Kapitel 4 (Ausgewählte Kundenzeitschriften) liefert Fallstudien von einigen ausgewählten Kundenzeitschriften.

Kapitel 5 (Erfolg) beleuchtet die Erfolgsfaktoren von Kundenzeitschriften und mit welchen Mitteln die Branche versucht, den Erfolg zu kontrollieren.

Kapitel 6 (Realisation einer Kundenzeitschrift) liefert den großen Praxisteil dieses Buches: Auf rund 50 Seiten wird in kompakter Form festgehalten, was bei der Realisation einer Kundenzeitschrift von der Konzeption über die Redaktion bis hin zum Vertrieb alles zu beachten ist.

Kapitel 7 (Kundenzeitschriften als Berufsfeld) rundet das Thema ab, indem es die Kundenzeitschriften als mögliches Tätigkeitsfeld für die Absolventen medienorientierter Studiengänge und als berufliche Alternative für die Journalisten anderer Medien beschreibt.

Zielgruppen des Buches

Das vorliegende Buch wendet sich somit an alle, die einen substanziellen Einstieg in das Thema Kundenzeitschrift suchen. Zielgruppe sind einerseits diejenigen, die über die Herausgabe einer Kundenzeitschrift nachdenken, und andererseits diejenigen, die für Kundenzeitschriften arbeiten oder sie selber für Unternehmen herstellen wollen. Natürlich hoffen die Autoren auch, dass möglichst viele Studierende des Journalismus und der Public Relations, entschlossen zu diesem Titel greifen.

1 Definition

Wer mit der Deutschen Bundesbahn reist, findet vor sich im Gepäcknetz ein Exemplar von DB MOBIL. Ebenfalls im Gepäcknetz wartet das LUFTHANSA MAGAZIN auf die Passagiere des deutschen Flugunternehmens. In Apotheken liegt neben der Kasse ein Stapel mit den aktuellen Exemplaren der APOTHEKEN-UMSCHAU. In der Drogerie wartet dort ebenfalls eine Zeitschrift auf Kunden. Im Briefkasten steckt in regelmäßigen Abständen ein Heft, herausgegeben von der persönlichen Krankenversicherung. Wer ein Handy hat, findet daneben noch die Zeitschrift seines Telefonproviders. Autobesitzer bekommen immer häufiger gedruckte Lektüre nach Hause geschickt. Wer sein Auto durch die Waschanlage fährt, kann sich dort schon Mal ein kostenloses Exemplar der Zeitschrift DER VERMÖGENSBERATER mitnehmen. Und auch so manche Hausbank belohnt ihre Kunden mit einem persönlich adressierten Magazin. Genauso wie der Stromversorger oder der Gaslieferant. Man kann ihnen nicht mehr entgehen – den Zeitschriften, die man gemeinhin Kundenzeitschriften nennt. Und spätestens mit den genannten Beispielen ist auch jedem klar, was Kundenzeitschriften eigentlich sind: Zeitschriften, die von Unternehmen in regelmäßigen Abständen kostenlos an ihre Kunden abgegeben werden. So könnte eine erste oberflächliche Definition lauten, die bereits das Medium (= Zeitschrift) beschreibt und erste Auskunft über die Art der Rezipienten (= Kunden) gibt, aber noch nichts über Themen und Inhalte und auch nichts über die Gründe für die Herausgabe dieser Zeitschriften aussagt.

Aber bevor diese Fragen beantwortet werden, noch einmal zurück zum Begriff. Auch wenn Kundenzeitschrift der vorherrschende Begriff ist, tritt das Genre auch unter anderen Bezeichnungen auf. Die beiden geläufigsten Alternativen sind Kundenmagazin und Unternehmensmagazin. Aber man findet in der einschlägigen Literatur auch die Begriffe Kundenzeitung, Business-Medien, Stakeholder-Zeitschrift, Kontaktpresse, Nulltarif-Presse und Corporate Publishing. Sie alle stehen im weitesten Sinne für das, was Inhalt dieses Buches ist.

Da eine Zeitung ein aktuelles, in der Regel werktäglich erscheinendes Printmedium universalen Inhaltes ist, wird dieser Begriff im eigentlichen Sinne falsch gebraucht, da kein von einem Unternehmen für seine Kunden herausgegebenes gedrucktes Medium täglich erscheint. Die durchschnittliche Frequenz liegt hingegen bei vier Mal pro Jahr! Der Begriff hat denn auch in der Regel nichts mit der Aktualität zu tun, sondern stellt auf Layout, Format, Papierqualität und Verarbeitung des Mediums ab. So ist eine Kundenzeitung genau genommen eine Kundenzeitschrift, die äußerlich zwar wie eine Zeitung aussieht (Die Schweizer Kundenzeitschriften MIGROS MAGAZIN und COOPZEITUNG erscheinen im Zeitungslayout), de facto aber eine Zeitschrift ist.

Die Begriffe Stakeholder-Zeitschrift und Kontaktpresse kennen wahrscheinlich nicht einmal alle Personen, die selbst mit einer Kundenzeitschrift beruflich zu tun haben. Es sind Begriffe, die sich die Wissenschaft hat einfallen lassen, um das äußerst heterogene Genre besser kategorisieren zu können. Stakeholder sind Interessensgruppen, die von der Arbeit eines Unternehmens direkt betroffen sind. Es können also neben den Verbrauchern, die Produkte oder Dienstleistungen dieses Unternehmens kaufen, und den Mitarbeitern des Unternehmens selbst auch die Zulieferer und andere Geschäftspartner des Unternehmens sein, aber auch Umweltverbände, Gewerkschaften, Aktionäre, Politiker und Journalisten.

Dieser von Ulrike Röttger, einer in Münster lehrenden PR-Professorin, vorgeschlagene Begriff (Röttger 2002, 117), wird in diesem Buch nicht weiter benutzt, da er auch die Mitarbeiterzeitschriften einschließt. Mitarbeiterzeitschriften sind Zeitschriften, die ein Unternehmen für die eigenen Angestellten und Arbeiter sowie deren Familien herausgibt. Dieses Segment soll aber wegen unterschiedlicher Inhalte und Zielsetzungen in diesem Buch nicht behandelt werden. Weiterführende Literatur zum Thema Mitarbeiterzeitschriften gibt es bereits (vgl. Bischl 2000, Marinkovic 2009).

Auch der Begriff Kontaktpresse entspringt dem Versuch, das Genre zu definieren und dabei auch noch Zeitschriften mit aufzunehmen, die sich nicht im marktwirtschaftlichen Sinne an Kunden wenden, sondern auch im übertragenen Sinne der Beziehungspflege zwischen einer Organisation und ihren Bezugsgruppen dienen. Der Medienforscher Andreas Vogel aus Köln, der diesen Begriff 1998 in die Diskussion eingeführt hat (Vogel 1998, 52), subsumiert unter Kontaktpresse außer den Kundenzeitschriften auch Zeitschriften nicht-kommerzieller Natur, die zum Beispiel von staatlichen Einrichtungen, religiösen Gruppierungen und Nonprofit-Organisationen herausgeben werden. Weil nicht-kommerzielle Organisationen in diesem Buch nicht berücksichtigt werden, wird auch der Begriff Kontaktpresse an dieser Stelle letztmalig genannt.

Neben der Kommunikationswissenschaft hat auch die Praxis mit den Begriffen Business-Medien und Corporate Publishing zur Begriffsvielfalt beigetragen. Beide Begriffe sind genau genommen keine Äquivalente zu den Kundenzeitschriften, sondern Oberbegriffe, denn sowohl bei den Business-Medien wie auch beim Corporate Publishing sind die Zeitschriften lediglich eine Teilmenge in einem Medienkanon, der darüber hinaus auch Geschäftsberichte, Newsletter, Videoclips, CD-Roms und Bücher umfasst. Da sich dieses Buch mit den Kundenzeitschriften von Unternehmen und Branchen beschäftigt, wird der Begriff Corporate Publishing des Öfteren auftauchen. Das hängt nicht nur damit zusammen, dass die entsprechenden Aktivitäten so in den USA genannt werden, sondern auch mit der im Markt der deutschsprachigen Kundenzeitschriften seit den Neunzigerjahren zu beobachtenden Professionalisierung. Sichtbares Zeichen ist der Zusammenschluss zahlreicher Dienstleister zum Forum Corporate Publishing (FCP). Das Forum bemüht sich einerseits um die Verbesserung der Qualität, unter anderem dadurch, dass in jedem Jahr Preise für die besten Unternehmensmagazine verliehen werden, andererseits soll das Corporate Publishing im Namen auch signalisieren, dass man nicht nur Kundenzeitschriften produziert, sondern auch all die anderen Business-Medien, die zu einer erfolgreichen Unternehmenskommunikation gehören. Man wird auch nicht verhehlen können, dass Corporate Publishing nicht nur umfassender in vielen Ohren klingt, sondern auch flotter und moderner als das betulichere und altmodischere Wort Kundenzeitschrift. Diesen Vorteil machen sich auch einzelne Dienstleister zu Nutze. So hat der Zeitschriftenkonzern Gruner + Jahr, der jahrelang unter dem Firmenkürzel K + S (Kundenzeitschriften + Service) seine Kundenzeitschriften produzierte, die Tochterfirma zwischenzeitlich in Gruner + Jahr Corporate Media, dann Anfang 2010 in Corporate Editors umbenannt.

Der Begriff Nulltarif-Presse schließlich stammt von Bernd-Jürgen Martini, der die Entwicklung des Kundenzeitschriftenmarktes bis Anfang 2003 mit seinem Medienbüro in Hamburg statistisch begleitet hat. Er stellt auf ein wesentliches Merkmal der Kundenzeitschriften ab. Da die unentgeltliche Abgabe der Blätter aber auch für Anzeigenblätter gilt, wird der Begriff in diesem Buch ebenfalls nicht weiter verwendet.

Ziele von Kundenzeitschriften

Unternehmen, die Kundenzeitschriften herausgeben, verfolgen damit in der Regel gleich mehrere Zielsetzungen. Zu 90 Prozent werden sie für Imageaufbau und Imagepflege eingesetzt, zu 88 Prozent für die Kundenbindung und nur zu 65 Prozent zur Verkaufsförderung (Prozentangaben gemäß

Martini 1999, 6). Ziele, von denen sich die Unternehmen einen unmittelbaren Nutzen für das eigene Unternehmen versprechen, stehen im Vordergrund, wenn Unternehmen per Kundenzeitschrift Kontakt zu ihren Kunden aufnehmen.

Kundenzeitschriften nach Herausgeberschaft

Wenn man sich Kundenzeitschriften unter dem Gesichtspunkt der Herausgeberschaft anschaut, stellt man fest, dass es zwei grundlegende Arten gibt:

- die Branchenpresse
- die Unternehmenspresse

Es gibt Kundenzeitschriften, die sich an die Kunden einer gesamten Branche wenden. So hat zum Beispiel die APOTHEKEN-UMSCHAU nicht nur die Kunden einer bestimmten Apotheke oder eines Pharma-Unternehmens im Visier, sondern die Kunden von Apotheken schlechthin. Die 14-tägig erscheinende APOTHEKEN-UMSCHAU, nach eigenem Bekunden »Deutschlands größtes Gesundheitsmagazin« (9,9 Mio. verkaufte Exemplare, IVW 4/09) wird von einem Presseverlag erstellt und an die Apotheken verkauft. Die Apotheken selbst geben die Hefte unentgeltlich an ihre Kunden weiter. Weitere Beispiele, die nach diesem Modell funktionieren, sind die BÄCKERBLUME, die wöchentlich im Bäckereihandwerk verbreitet wird, LUKULLUS die Kundenzeitschrift für das Fleischerhandwerk, und das BUCHJOURNAL, das in vielen Buchgeschäften ausliegt. Die Verteilung der Kundenzeitschriften der Branchenpresse erfolgt überwiegend am Point of Sale, das heißt in den Läden der Einzelhändler. Bei den Kundenzeitschriften der Branchenpresse sind externe Dienstleister für die Redaktion und Produktion der Kundenzeitschriften verantwortlich. Sie verkaufen die Hefte an die Einzelhändler der jeweiligen Branche, die sie wiederum in ihren Läden an ihre Kunden weitergeben. Die Mediendienstleister sind damit von einzelnen Unternehmen unabhängig.

Mit 90 Prozent zählen die meisten Kundenzeitschriften allerdings nicht zum Typus der Branchenpresse, sondern sind von Haus aus Firmenzeitschriften. Hinter ihnen steht als Herausgeber ein einzelnes Unternehmen. Die Unternehmen (Versicherungen, Banken, Sparkassen, Telefongesellschaften, Airlines usw.) erstellen die Kundenzeitschriften entweder in eigener Regie oder beauftragen externe Dienstleister (Verlage, PR-Agenturen, Redaktionsbüros) mit der Redaktion und Produktion. Die Mehrzahl der Zeitschriften erreicht die Kunden dann auf dem Postweg, zum Teil aber auch über den Point of Sale (POS) oder Point of Interest (POI). Die Kundenzeitschriften werden in der Regel kostenlos abgegeben. In einigen wenigen Fällen gelangen Teile der Auflage auch in den regulären Zeitschriftenhandel und werden verkauft. In der Automobilbranche gibt es auch Beispiele, dass der Autohersteller die Kundenzeitschrift erstellt, sie dann aber an seine Händler verkauft, die sie wiederum kostenlos an ihre Kunden weiterreichen.

Kundenzeitschriften nach Adressaten

So wie man Kundenzeitschriften nach Herausgebern klassifizieren kann, lassen sie sich auch nach ihren Zielgruppen unterteilen. Auch hier gibt es zwei Typen:

- Kundenzeitschriften für Endverbraucher (Business to Consumer)
- Kundenzeitschriften für Geschäftskunden (Business to Business)

Typische Magazine für den Endverbraucher sind das BMW MAGAZIN, das die Besitzer von Automobilen der Marke BMW erreichen soll, und das LUFTHANSA MAGAZIN, das Passagiere der Fluggesellschaft unterhalten, informieren und binden soll. Stellvertretend für typische Geschäftskundenmagazine seien hier THINK:ACT (herausgegeben von der Unternehmensberatung Roland Berger), TRANSPORT (herausgegeben von der DaimlerChrysler AG, Abteilung Nutzfahrzeuge) oder RESULTS (das Unternehmermagazin der Deutschen Bank) genannt. Erwartungsgemäß sind die Auflagen der Endverbrauchermagazine wesentlich höher als die der Kundenzeitschriften für Geschäftskunden. Weil die Zielgruppen Geschäftskunden und Endverbraucher unterschiedlich angesprochen werden müssen, leisten sich zahlreiche Unternehmen mehrere Kundenzeitschriften. Die Deutsche Post etwa sprach ihre Geschäfts- und Privatkunden zeitweise mit insgesamt sechs verschiedenen Zeitschriften an. Nicht ungewöhnlich ist auch das Vorgehen des Geschäftsbereichs Nutzfahrzeuge von DaimlerChrysler. Dort legt man mit den Magazinen TRANSPORT und ROUTE gleich zwei Kundenzeitschriften auf. Das Transport- und Logistikmagazin TRANSPORT wendet sich an die Eigner von Lastwagen und Bussen, das Magazin ROUTE zielt auf die Fahrer ab.

Die Gesamtzahl aller Kundenzeitschriften besteht jeweils zur Hälfte aus B2B-Titeln und B2C-Titeln. Auflagenmäßig können die Geschäftskundentitel mit den Endverbrauchertiteln nicht mithalten. Im Jahr 2008 wurden laut »European Institute for Corporate Publishing« (EICP) im deutschsprachigen

Raum pro Erscheinungsintervall rund 640 Millionen Exemplare von Consumer-Titeln gedruckt, aber nur 140 Millionen Exemplare für Business-Kunden.

Merkmale von Kundenzeitschriften

Vom Laien sind die überwiegend kostenlos abgegebenen Kundenzeitschriften auf den ersten Blick von Kaufzeitschriften kaum zu unterscheiden. Zu groß sind die Gemeinsamkeiten, was Gestaltung, Formate, Papierqualitäten und oft auch die Inhalte angeht. Die Unterschiede entschlüsseln sich erst bei genauerer Betrachtung.

Kundenzeitschriften sind in der Regel kostenlos

Von wenigen Ausnahmen abgesehen werden Kundenzeitschriften unentgeltlich an ihre Zielgruppen abgegeben. Da die herausgebenden Unternehmen die Zeitschriften nicht auflegen, um mit ihnen selbst Geld zu verdienen, sondern sie als Mittel zur Kundenbindung und Imagegestaltung benutzen, tragen sie die Kosten für Redaktion, Produktion und Vertrieb selbst. Einige versuchen die Kostenbelastung zu reduzieren, indem sie Anzeigenraum verkaufen. Bei der Branchenpresse verhält es sich anders: Die herausgebenden Verlage verkaufen die von ihnen erstellten Kundenzeitschriften an die Einzelhändler (Apotheker, Bäcker, Floristen, Friseure usw.), die sie dann aber kostenlos an ihre Laufkundschaft weitergeben. Es gibt einige Beispiele (wie BMW-MAGAZIN, AUDI-MAGAZIN oder LAMBORGHINI MAGAZIN), bei denen sogar ein Copypreis auf dem Cover aufgedruckt bzw. das Magazin auch an einzelnen Verkaufsstellen erhältlich ist. Diese Maßnahme macht allenfalls unter psychologischen Gesichtspunkten Sinn. Sie versucht, die Werthaltigkeit des Blattes zu steigern. Der Kioskverkauf soll zum einen belegen, dass die Blätter von der optischen und inhaltlichen Qualität her mit Publikumszeitschriften konkurrieren können, zum anderen zeigt es den Kunden, die sie kostenlos bekommen, wie sehr sie vom Unternehmen geschätzt werden. Röttger vermutet außerdem, dass mit dieser Maßnahme die Glaubwürdigkeit der Zeitschriften erhöht werden soll, da mit dem Verkaufspreis, einem hohen journalistischen Niveau der Inhalte und der Aufmachung »Anleihen an der höheren Glaubwürdigkeit von Publikumszeitschriften genommen« werden (Röttger 2002, 120). Unter kommerziellen Gesichtspunkten spielen diese Verkaufsexemplare innerhalb der Kundenpresse allerdings keine relevante Rolle. Sie dürfen folglich eher als Augenwischerei abgetan werden.

Anders verhält es sich mit LAVIVA. Unter diesem Titel bringt der Lebensmittelkonzern Rewe seit Oktober 2008 eine Frauenzeitschrift heraus, die offenkundig Ähnlichkeiten mit Kaufzeitschriften wie LAURA und FÜR SIE aufweist. Die monatlich erscheinende Zeitschrift enthält neben den üblichen Rubriken einer Frauenzeitschrift wie Mode, Kochen und Wellness Coupons, die den konkreten Nutzwert jeder Zeitschrift erhöhen. Für ihr Kundenmagazin verlangen die Verantwortlichen bei Rewe 80 Cent. Die Zeitschrift wird über sämtliche Verkaufsstellen des Rewe-Konzerns verbreitet, wozu neben den Filialen von Rewe auch die von Penny und Toom gehören, sowie an allen Bahnhofskiosken und auf den Flughäfen.

Diese Ausnahme soll aber nicht davon ablenken, dass die Unentgeltlichkeit der Abgabe ein kennzeichnendes Merkmal von Kundenzeitschriften ist. Sie ist aber kein zwingendes Unterscheidungskriterium zu anderen Printmedien. So werden bekanntermaßen auch Anzeigenblätter kostenlos abgegeben, und auch im Markt der Tageszeitungen hat es in der Vergangenheit Versuche gegeben, das Produkt kostenlos an die Leser abzugeben.

Kundenzeitschriften sind Auftragskommunikation

Das Wesen von Kundenzeitschriften lässt sich folglich präziser über ein anderes Kriterium definieren. Anders als Publikumszeitschriften, die ihren Lesern ein objektives Bild der Wirklichkeit zu vermitteln suchen und dabei auch positive wie negative Entwicklungen thematisieren bzw. unterschiedliche Meinungen zulassen, dienen Kundenzeitschriften der Selbstdarstellung von Branchen und Unternehmen. Sie vertreten vor allem die Interessen des herausgebenden Unternehmens. Sie sind ein Instrument der Unternehmenskommunikation und damit folglich Auftragskommunikation. Im Gegensatz zu anderen Medien müssen Kundenzeitschriften keine Gewinne erwirtschaften. Sie finanzieren sich aus dem Budget von Marketing- und PR-Abteilungen der Unternehmen. Erfahrungsgemäß sind die Herausgeber von Kundenzeitschriften wenig bis gar nicht daran interessiert, ihre Publikationen mit Informationen zu befrachten, die ein schlechtes Licht auf das Unternehmen werfen könnten. »Kundenzeitschriften sind entweder neutral verfasst oder positiv gewertet, negative Wertungen sind äußerst selten«, schreibt Eicher auf der Basis von neun ausgewerteten Schweizer Kundenzeitschriften (Eicher 2003, 110).

An der wenig ausgeprägten Kritikfähigkeit von Kundenzeitschriften kann auch das verstärkte Bemühen der Kundenzeitschriften um Authentizität und Glaubwürdigkeit grundsätzlich nichts ändern.

Definition

Grenzgänger zwischen Werbung, PR und Journalismus

Wenn sich Kundenzeitschriften aber bemühen, einen möglichst guten Eindruck von den herausgebenden Unternehmen zu vermitteln, was unterscheidet sie dann noch groß von Werbung? Es gab und gibt sicherlich Beispiele, in denen kaum ein Unterschied auszumachen ist. Platte Produktwerbung mit dem Ziel, den Absatz anzukurbeln (Hasenbeck 2001, 74). Aber sie sind die Ausnahme und nicht die Regel. Formal grenzen sich Kundenzeitschriften von Werbebroschüren dadurch ab, dass sie zu einem Teil redaktionell bearbeitete, journalistische Textbeiträge enthalten. Und darin liegt das Geheimnis des Erfolges von Kundenzeitschriften. Die journalistische Komponente sichert die Aufmerksamkeit der Kunden. Weil Kundenzeitschriften in ihrer äußerlichen Aufmachung und inhaltlichen Aufbereitung Publikumszeitschriften ähneln, ist ihre Glaubwürdigkeit höher. Die Zielgruppen vertrauen ihnen eher als einer Anzeige oder einem Werbespot. So ist die Kundenzeitschrift ein Instrument der Öffentlichkeitsarbeit, das sich des Deckmantels des Journalismus bedient, um die eigenen Ziele zu erreichen. Als Grenzgänger zwischen den Bereichen Marketing und Journalismus müssen Kundenzeitschriften Anforderungen aus beiden Bereichen bedienen.

Von der Definition zur Funktion

Nach dieser ersten Eingrenzung des Untersuchungsgegenstandes lassen sich Kundenzeitschriften wie folgt definieren: Kundenzeitschriften sind periodisch erscheinende Zeitschriften, die von Unternehmen und Branchen herausgegeben werden. Sie sind ein Instrument der Unternehmenskommunikation, das sich der Mittel des Journalismus bedient, um die Aufmerksamkeit von Zielgruppen zu erreichen, die für das Unternehmen bzw. die Branche relevant sind. Sie zielen dabei in erster Linie auf Kundenbindung und Imageaufbau ab. Von der Funktion der Kundenzeitschriften soll im folgenden Kapitel ausführlich die Rede sein.

2 Funktion

Karl Albrecht, einer der beiden Gründer der Einzelhandelskette Aldi, war mit 23,5 Milliarden Euro geschätztem Vermögen laut Wirtschaftsmagazin FORBES im Jahr 2010 der reichste Deutsche. Sein Unternehmen Aldi ist eine der größten Supermarkt-Ketten, die Marke Aldi eine der bekanntesten in Deutschland. Karl Albrecht ist hingegen in der Öffentlichkeit praktisch unbekannt. Er gibt keine Interviews und es gibt kaum Fotos von ihm. Genauso wenig gibt es eine systematische Unternehmenskommunikation. Wenn das Unternehmen in den Medien angegriffen wird, tritt kein Geschäftsführer oder Pressesprecher an die Öffentlichkeit, um den Vorwürfen zu begegnen. Konkurrenzlose Niedrigpreise reichten bislang aus, um eine beispiellose Erfolgsgeschichte zu schreiben. Doch das Unternehmen Aldi ist eine Rarität und die sprichwörtliche Ausnahme von der Regel.

In fast allen anderen Unternehmen spielt die Unternehmenskommunikation eine tragende Rolle. »Unter Unternehmenskommunikation ist [...] der abgestimmte Einsatz aller einem Unternehmen zur Verfügung stehenden Kommunikationsinstrumente zu verstehen, der dazu dient, Botschaften relevanten Zielgruppen bekannt zu machen und so bei diesen auf intendierte Einstellungs- und Verhaltenszustände hinzuwirken« (Müller 1999, 28). Unternehmen versuchen, das eigene Image in der Wahrnehmung der Zielgruppen möglichst positiv zu gestalten, um auf diesem Wege neue Kunden anzulocken, bestehende Kunden zu halten und den Absatz zu fördern. Kaum eine Firma, die sich nicht eine Public-Relations-Abteilung oder wenigstens einen Pressesprecher leistet. Dahinter steckt die Erkenntnis, dass Unternehmen, die in der Gesellschaft kommerziellen Erfolg haben wollen, auch mit dieser Gesellschaft kommunizieren müssen. Es reicht nicht aus, gute Ware oder Dienstleistungen anzubieten, sondern ein Unternehmen muss sich in jeder Phase seines Handelns gesellschaftlich legitimieren. Stellt sich etwa heraus, dass ein Möbelhaus seine beliebten und preiswerten Regale in Fernost von Kindern fertigen lässt, dann kann das für den Ruf und den Absatz des Händlers gravierende Folgen haben, wenn er diesen Vorwürfen nicht begegnet bzw. wenn sie richtig sind, er nicht die Ursachen abstellt und dieses wiederum der Öffentlichkeit mitteilt.

2.1 Das Image verbessern

Ein positives Image ist eine wesentliche Voraussetzung für einen dauerhaften Geschäftserfolg. Daneben gibt es aber noch einen weiteren wichtigen Grund für eine funktionierende nach außen gerichtete Unternehmenskommunikation. Die meisten Unternehmen operieren mittlerweile in stark kompetiven bzw. gesättigten Märkten. Fast überall stehen Unternehmen im Wettbewerb miteinander, die vergleichbare Dienstleistungen oder Produkte anbieten. Was unterscheidet die Hamburger von Burger King und McDonalds? Was die Turnschuhe von Adidas oder Puma? Was den Minivan von Ford oder VW? Die Preise sind in vergleichbaren Segmenten nahezu identisch und die Leistungen ebenfalls. Was also kann beim Kunden den Ausschlag für seine Kaufentscheidung geben? Seine Vorstellung von dem jeweiligen Unternehmen, die Aura des jeweiligen Unternehmens! Je positiver und eindeutiger das Image des jeweiligen Unternehmens beim Kunden geprägt ist, desto eher wird er sich bei qualitativ und preislich vergleichbaren Angeboten für Produkte oder Dienstleistungen dieses Unternehmens entscheiden. Das Image dient also der Differenzierung von den Wettbewerbern (Unique Selling Propositon).

Einen Mehrwert brauchen Unternehmen aber nicht nur, um Neukunden zu gewinnen, sondern auch um ihre Bestandskunden zu halten. Weil von verschiedenen Unternehmen oft gleichartige Produkte und Dienstleistungen angeboten werden, spielt der Preis oft die für den Kauf entscheidende Rolle. So sind Kunden ständig auf dem Sprung zu anderen Anbietern. Da es fünf- bis zehnmal teurer ist, einen neuen Kunden zu gewinnen als einen bestehenden zu halten, muss man den eigenen Kunden einen Mehrwert bieten, wenn man nicht auch an der Preisschraube drehen kann oder will. Beim Kauf von Produkten und Dienstleistungen spielt das Image eine Rolle. Konsumenten lehnen Angebote von Unternehmen mit schlechtem Ruf tendenziell eher ab und bevorzugen Angebote von Firmen, von denen sie eine positive Meinung haben. Warum entscheiden sich nach wie vor so viele deutsche Autofahrer für Autos von DaimlerChrysler, obwohl andere Unternehmen vergleichbare Qualität, mitunter sogar für weniger Geld anbieten? Der Grund liegt darin, dass viele einfach einen Mercedes fahren wollen. Die Marke Mercedes ist positiv aufgeladen. Sie gehört zu den stärksten und damit wertvollsten Marken der Welt. Sie steht nicht nur für gute Qualität und schickes Design, sondern signalisiert auch einen gewissen Status. Wer einen Mercedes fährt, der – so das Signal an die Mitmenschen – hat es geschafft. Der macht was her, zumindest nach außen, egal wie viele Schulden er auf der Bank hat. Der Fahrer profitiert vom Image seines Fahrzeugs. Diesen in einem Jahrhundert aufgebauten Mehrwert lässt sich Daimler-Chrysler entsprechend bezahlen. Auf diesem Image basiert ein Teil des Geschäftserfolges des Konzerns. Kein Wunder, dass fast alle Unternehmen daran interessiert sind, sich mit entsprechend positiv besetzten Images zu profilieren bzw. die eigenen Kunden zu halten. Die Unternehmenskommunikation spielt eine gewichtige Rolle beim Imageaufbau.

Im Rahmen der externen Unternehmenskommunikation stehen den Firmen verschiedene Instrumente zur Verfügung, mit deren Hilfe sie mit den für sie relevanten Zielgruppen in Kontakt treten können. Zu diesen Instrumenten gehören Werbemaßnahmen wie Anzeigen oder TV-Spots, Messen, Kundenclubs, Veranstaltungen für Kunden, Pressekonferenzen und eben auch Kundenzeitschriften.

Warum ist das Medium Kundenzeitschrift besonders geeignet, um einem Unternehmen bei Aufbau und Pflege von Image und Kundenbindung zu helfen? Die Vorteile eines positiven Images wurden bereits weiter oben aufgezeigt. Es bedarf erheblicher finanzieller Mittel und kontinuierlicher Anstrengungen, ein positives Image aufzubauen. Die Kontinuität lässt sich mit einem regelmäßig erscheinenden Medium, wie es die Kundenzeitschrift darstellt, besonders gut gewährleisten.

2.2 Die Kunden binden

Auch für die Kundenbindung ist die regelmäßige Erscheinungsweise von Vorteil. Das Unternehmen kann sich kontinuierlich positiv in Erinnerung rufen. Außerdem signalisiert die Kundenzeitschrift dem Kunden jedes Mal, wenn er sie erhält, eine besondere Wertschätzung seitens des Unternehmens. Die regelmäßige Zustellung alleine reicht natürlich nicht aus, um die Kundenbindung zu verfestigen. Ebenso wichtig sind auch die Inhalte der Zeitschrift. Da die Aufmerksamkeit des Kunden auch von anderen Medien beansprucht wird, wird er nur zu seiner Kundenzeitschrift greifen, wenn er sich von der Lektüre einen Nutzen verspricht. Kundenzeitschriften müssen sich folglich in ihrer Themenauswahl an den Interessen der Leser orientieren. Außerdem müssen die redaktionellen Beiträge genügend Substanz enthalten, dass sich der Leser gut informiert und unterhalten fühlt. Wie bei anderen Medien auch, muss eine Kundenzeitschrift Leserbedürfnisse (Gratifikationen) erfüllen.

Dazu gehören:

- die Informationsfunktion
- die Unterhaltungsfunktion
- die Integrationsfunktion und die Interaktionsfunktion

Die Informationsfunktion

Kundenzeitschriften erfüllen ihre Informationsfunktion, indem sie umfassend über das Unternehmen, seine Akteure, seine Handlungen, seine Dienstleistungen, seine Produkte und seine Kompetenzen berichten. Je besser sich der Kunde über das Unternehmen informiert fühlt, desto positiver ist in der Regel auch seine Einstellung gegenüber dem Unternehmen. Vollständige Information macht das Unternehmen transparent und schafft Vertrauen. Sie kann unter anderem dadurch sichergestellt werden, dass die journalistischen Regeln auch in der Berichterstattung von Unternehmensmagazinen angewendet werden. Das heißt Anwendung der journalistischen Darstellungsformen von Nachricht bis Reportage und Kommentar sowie Beantwortung aller wichtigen Fragen. Letzteres ist normalerweise gewährleistet, wenn die journalistischen W-Fragen (Wer, was, wo, wann, wie, warum und woher) im Rahmen eines Artikels beantwortet werden. Außerdem ist es wichtig, dem Leser Informationen über das Unternehmen zu geben, die er woanders nicht erhält, dass er das Gefühl hat, mit Insiderwissen versorgt zu werden.

Es wäre jedoch ein Fehler zu glauben, dass eine umfassende Berichterstattung über das Unternehmen selbst ausreicht, konstantes Interesse bei der Leserschaft zu generieren und sie zufrieden zu stellen. Die Beschränkung auf unternehmensbezogene Nachrichten kann schnell werblich und damit aufdringlich wirken. Das führt zu Überdruss und mindert die Glaubwürdigkeit. Folglich müssen zu den unternehmensbezogenen Informationen auch in ausreichender Zahl nicht unternehmensbezogene Nachrichten geliefert werden. Nur durch die Einbettung von unternehmensbezogenen in neutrale bzw. kundenbezogene Nachrichten gelingt es der Kundenzeitschrift, einem werblichen Charakter zu entgehen. »Im Idealfall entsteht so eine Einheit zwischen journalistischer Kompetenz, die der Leser den Massenmedien im Allgemeinen oder Speziellen zubilligt, und einer ebenfalls ansprechend gemachten Kundenpublikation. Gelingt dies, so kann es zu einem Imagetransfer von der positiv bewerteten kommunikativen Kompetenz der Unternehmung einerseits auf ihre Marktleistungen andererseits kommen« (Müller 1999, 46).

Die Unterhaltungsfunktion

Ein weiteres Bedürfnis von Medienrezipienten ist Unterhaltung. Und so wollen auch die Leser von Kundenzeitschriften Spaß haben bei der Lektüre, abgelenkt werden von den Problemen des Alltags oder sich die Zeit vertreiben. Unterhaltsam werden Kundenzeitschriften durch verschiedene Maßnahmen. Dazu gehört ein verständlicher, anregender Sprachstil, der sich am Bildungshintergrund der jeweiligen Zielgruppe ausrichtet. Dazu gehört eine entsprechende optische Verpackung mit klarer Leserführung und vielen zum Lesen auffordernden Elementen (Überschriften, Zwischenüberschriften, Fotos, Illustrationen usw.). Dazu gehören unterhaltsame Elemente wie Witze, Rätsel, Gewinnspiele, Comics und Glossen. Dazu gehören Darstellungsformen, die das Menschliche in den Vordergrund stellen wie Porträts, Interviews zur Person und Reportagen. Und dazu gehört eine entsprechende Themenauswahl.

Die Integrationsfunktion und Interaktionsfunktion

Wenn Kundenzeitschriften ihren Lesern exklusive Informationen geben oder sie ihnen Vorteile gewähren, die sie woanders nicht erhalten können (zum Beispiel durch Coupons), kann das deren Selbstwertgefühl steigern. Generell sorgt die Teilhabe an der durch das Unternehmensmagazin präsentierten Marken- und Produktwelt für eine engere Bindung an das Unternehmen. Wenn das Unternehmen in seiner Zeitschrift zusätzlich noch durch Umfragen, direkte Ansprache, die Einrichtung von Kleinanzeigenseiten oder die Einrichtung einer Leserbriefseite Interesse am Dialog bekundet, fühlt sich der Leser besonders ernst genommen und dankt es mit einer stärkeren Verbundenheit.

Geringe Streuverluste

Ein wesentlicher Vorteil des Mediums Kundenzeitschrift liegt in der großen Zielgruppengenauigkeit. Wenn ein Unternehmen eine Anzeige in einer Tageszeitung schaltet, um für seine Produkte zu werben, oder wenn es einen Artikel lanciert, der von den eigenen Aktivitäten handelt, erreicht es auf diesem Wege neben einigen wenigen interessierte Menschen immer auch sehr viele Menschen, die sich für das Unternehmen nicht interessieren und folglich über Anzeige oder Artikel hinwegblättern. Die Streuverluste können mitunter extrem sein. Eine Kundenzeitschrift hingegen erreicht in der Regel Menschen, die durch Kauf einer Dienstleistung oder eines Produktes des Unternehmens bereits ihr Interesse bewiesen haben und folglich offener gegenüber weiteren Aktivitäten des Unternehmens sind.

Fazit: Warum Unternehmen Kundenzeitschriften machen?

Unternehmen geben Kundenzeitschriften heraus, weil sie ihre Kunden binden wollen, weil sie die Kunden auf diesem Wege am besten kontinuierlich erreichen und auf diesem Wege die Wahrnehmung des Unternehmens beim Kunden steigern können.

> »Kundenmagazine dienen nicht nur der positiv getönten Darstellung von Produkten und Dienstleistungen, sie bieten zudem die Möglichkeit, wirtschaftliche Ziele und wirtschaftliches Handeln jenseits marktlicher und rechtlicher Verpflichtungen zu legitimieren und gesellschaftspolitisches Engagement von Unternehmen darzustellen.« (Röttger 2002, 116).

Verkaufsförderung spielt eine wachsende, aber im Vergleich zum Imageaufbau und zur Kundenbindung untergeordnete Rolle.

2.3 Zuständigkeit im Unternehmen

Kundenzeitschriften sind ein Instrument der Unternehmenskommunikation. Deshalb liegt die Verantwortlichkeit für die Herausgabe auch in der Regel bei Abteilungen, die diesem Bereich zuzuordnen sind. Das European Institute for Corporate Publishing (EICP) hat 2008 in einer Basisstudie ermittelt, dass die Gesamtverantwortung für die Corporate-Publishing-Aktivitäten zu 38,9 Prozent bei der Unternehmenskommunikation liegt und zu 34,1 Prozent im Marketing. In 22,4 Prozent aller Fälle ist die Verantwortung direkt in der Geschäftsführung bzw. beim Vorstand angesiedelt. 2,6 Prozent finanzieren das Corporate Publishing und damit auch die Kundenzeitschrift aus dem Etat für den Vertrieb. Die Werbeabteilung ist fast nie (0,4 Prozent) zuständig (EICP 2008).

Ausschlaggebend für die Zuordnung einer Kundenzeitschrift in der Unternehmenskommunikation sind in der Regel die speziellen Ziele der Herausgeber. Im Grunde ist die Kundenzeitschrift ein Instrument, das mehrere Ziele parallel verfolgen kann: Kundenbindung, Imageaufbau und Verkaufsförderung. Meist wird sie dort verantwortet, wo auch das Hauptziel inhaltlich verantwortet wird. Ist das vorrangige Ziel die Imagebildung, ist die PR-Abteilung federführend, geht es eher um Absatzförderung, gehört die Kundenzeitschrift vermutlich zum Marketing.

Für die Kundenzeitschrift innerhalb des Unternehmens verantwortliche Abteilung

Abteilung	in Prozent
Unternehmenskommunikation	38,9
Marketing	34,1
Geschäftsführung/Vorstand	22,4
Vertrieb	2,6
Werbung	0,4
Andere	1,6
Gesamt	100,0

Quelle: EICP 2008, Folie 15; Basis: Unternehmen, die CP B2C betreiben; n = 171 Fälle

Die Verantwortung sagt allerdings nichts darüber aus, ob die Kundenzeitschrift auch innerhalb dieser Abteilung hergestellt wird.

Bei näherer Betrachtung stellt sich heraus, dass Kundenzeitschriften zu einem großen Anteil außerhalb des herausgebenden Unternehmens produziert werden. Nur die Redaktion findet in vielen Fällen innerhalb der zuständigen hausinternen Abteilungen statt.

Wenn externe Dienstleister genutzt werden, ergibt sich folgendes Bild der Aufgabenteilung. Die optische Gestaltung der Kundenzeitschriften wird besonders gerne und häufig nach draußen vergeben. 82,4 Prozent beträgt hier der Anteil der Arbeit, der durch externe Dienstleister erbracht wird. Nicht alle Kommunikationsabteilungen haben fest angestellte Grafiker oder Fotografen bzw. Bildredakteure. Wenn man für sie nicht noch andere Beschäftigungsmöglichkeiten hat, ist es billiger, das Layout von externen Dienstleistern einzukaufen.

Was die Redaktion angeht, ist das Verhältnis ausgeglichener, neigt sich mit 54,3 Prozent zugunsten der Dienstleister. Anders als beim Layout ist die Entscheidung darüber, ob intern oder extern redigiert wird, nicht nur eine finanzielle Rechnung. Hier kommt zusätzlich eine qualitative Dimension als Entscheidungsgrundlage ins Spiel. Für die Redaktion im eigenen Haus spricht die Nähe zu den Entscheidern und Themen. Die Recherchewege sind kürzer und einfacher. Viele Kundenzeitschriftverantwortliche glauben auch, dass die eigenen Mitarbeiter kompetenter sind, wenn es um die zielgruppengerechte Ansprache der Kunden geht. Auf der anderen Seite sind auch die Abhängigkeiten und die Betriebsblindheit größer. Viele Herausgeber entscheiden sich deshalb für externe Dienstleister, geben die Redaktion an Redaktionsbüros, PR-Agenturen oder Verlage. Manchmal steckt als

Grund auch nur die Tatsache dahinter, dass die eigene PR-Abeilung nicht groß genug ist, um die Inhalte der Kundenzeitschrift regelmäßig zu recherchieren und die Texte zu schreiben, häufig wollen die Verantwortlichen bewusst den leicht distanzierten Blick journalistischer Profis von außerhalb. Die Corporate-Publishing-Ableger der großen Zeitschriftenverlage setzen auf diesen Effekt. Wer seine Kundenzeitschrift bei Burda, bei Gruner + Jahr oder bei Hoffmann und Campe produzieren lässt, erhält damit scheinbar nicht nur das Know-how der dort arbeitenden Journalisten, sondern nimmt auch ein wenig von dem Glanz mit, dass die eigene Kundenzeitschrift im selben Haus erscheint, in dem STERN, BRIGITTE (Gruner + Jahr), MERIAN (Hoffmann und Campe) oder FOCUS (Burda) aufgelegt werden.

Einbezug externer Dienstleister

Produktionsort	komplett bzw. überwiegend intern	komplett bzw. überwiegend extern
Redaktion	45,6 %	54,3 %
Layout/Gestaltung	17,2 %	82,4 %
Projektmanagement	59,2 %	40,8 %

Quelle: EICP 2008, Folie 16; Basis: Unternehmen, die CP B2C betreiben und externe Dienstleister nutzen; n = 163 Fälle

Das Projektmanagement ist überwiegend eine Angelegenheit der Auftraggeber selbst. Da die EICP-Studie aber nicht abgefragt hat, wie viele Unternehmen ihre Corporate-Publishing-Aktivitäten komplett innerhalb des eigenen Hauses abwickeln, vermittelt die Übersicht auf der vorigen Seite keinen authentischen Überblick über den Gesamtmarkt.

Die Frage, ob die Verantwortlichen in der Regel mit den redaktionellen Leistungen der eigenen Mitarbeiter zufriedener sind als mit denen der externen, kann nicht klar beantwortet werden. Rund 43 Prozent glauben, dass sich mit den eigenen Mitarbeitern eine bessere journalistische Qualität erzielen lässt. Fast genau so viele (41,2 Prozent) glauben, dass das Ergebnis besser ist, wenn externe Dienstleister die Redaktion übernehmen. Der Rest der Befragten ist unentschieden. »Ein auffallend gutes Ergebnis für die Dienstleister, wenn man bedenkt, dass die Befragten selbst dem Kreis der internen angehören« (Plan P. 1999, 38).

Bewertung interne Produktion versus externe Produktion in Prozent

Kriterium	eher intern optimal	unentschieden	eher extern optimal
journalistische Qualität	43,1	15,7	41,2
gestalterische Qualität	9,8	7,8	82,3
kundengerechte Ansprache	70,0	22,0	8,0

Quelle: Plan P. 1999, 39, Basis: 51 Kundenzeitschriften

Eindeutig fällt die Beantwortung der entsprechenden Frage zur Qualität der Gestaltung aus. Hier sieht eine klare Mehrheit (80 Prozent) die bessere Qualität bei externen Mitarbeitern. Diametral verschieden fällt das Ergebnis aus, wenn es um die kundengerechte Ansprache geht. Hier ist das Vertrauen in die eigenen Leute wesentlich höher. 70 Prozent der Befragten halten die eigenen Mitarbeiter für kompetenter als externe Dienstleister

3 Markt

3.1 Kundenzeitschriften historisch

Obwohl die Zeitschriftengattung älter ist als Internet, Fernsehen und Hörfunk, gibt es nur fragmentarische Hinweise auf ihre Ursprünge und Entwicklung. Die Geschichte der Kundenzeitschriften muss erst noch geschrieben werden. Möglicherweise kommt das Verdienst der ersten Kundenzeitschrift dem Augsburger Kaufmann Jacob Fugger I. (1459 bis 1525) zu. Der Gründer eines erfolgreichen Handelshauses, auch »der Reiche« genannt, der dem Deutschen Kaiser wie dem Papst mit Krediten aus finanziellen Nöten half, hatte die Angewohnheit, die Berichte seiner über die Länder verteilten Korrespondenten schriftlich zusammenzufassen und diese Informationen des Hauses Fugger an Gönner und Geschäftsfreunde weiterzureichen. Nachrichten, die ihm und seinen Geschäften schaden konnten, soll er weggelassen haben. Genau genommen waren diese Notizen natürlich noch keine Zeitschrift, da er seine Nachrichten und Kommentare mit der Hand verfasste, aber die kundenzeitschriftentypischen Funktionen wie Imageaufbau und Kundenbindung sind schon deutlich zu erkennen. Seine Nachkommen systematisierten die Kundenbetreuung. Von 1568 bis 1605 ließen sie die wichtigsten Nachrichten, die sie aus ihrem weltumspannenden Kommunikationsnetz erhielten, zu den so genannten Fugger Zeitungen zusammenstellen, die sie an ihre Geschäftspartner weiter gaben.

Es mag mit der Industrialisierung der Gesellschaft einerseits und der Einführung schneller und preiswerter Druckmöglichkeiten zusammenhängen, dass ab Ende des 19. Jahrhunderts vermehrt Kundenzeitschriften gegründet wurden. 1888 erschien erstmalig der SCHLIERBACHER FABRIKBOTE. Die angeblich erste deutsche Firmenzeitschrift wurde dem Vorbild einer niederländischen Zeitschrift mit dem Titel DE FABRIEKSBODE nachempfunden, die bereits seit 1882 erschien. 1895 gaben die Handwerkskammern Niedersachsen und Magdeburg erstmalig eine Zeitschrift mit dem Titel NORDDEUTSCHES HANDWERK heraus. 1909 begannen Verlage damit, Branchenzeitschriften an Einzelhändler zu verkaufen. Der damals gegründete Titel PRAKTISCHE WINKE wurde später in die Kundenzeitschrift DROGISTEN JOURNAL integriert.

Bei Müller ist nachzulesen, dass besonders die Jahre nach 1925 einen ersten »Boom« brachten: »Ab etwa 1925 war die Kundenzeitschrift eines der am meisten eingesetzten Medien mit größeren Kundenkreisen (etwa Energieversorgungsunternehmen)« (Müller 1999, 12). 1927 wendete sich der Fach- und Einzelhandel mit seinem MAGAZIN FÜR DIE HAUSFRAU gegen die damals entstehende Konkurrenz durch die Kaufhäuser. Im selben Jahr starteten auch die HANNOVERSCHEN BERICHTE der Hannoverschen Lebensversicherung. 1929 kamen zwei Bausparkassen mit ihren Publikationen zum Kunden: MEIN EIGENHEIM von Wüstenrot sowie BAUEN UND WOHNEN von der Leonberger Bauparkasse.

1952 brachte der Autobauer Porsche erstmals seine Kundenzeitschrift CHRISTOPHORUS heraus. Das Magazin erscheint bis heute, seit 1997 in fünf Sprachen. Es ist damit eine der ältesten, kontinuierlich erscheinenden Kundenzeitschriften. Mercedes-Benz startete 1954 mit einem Informationsdienst für Kunden. 50 Jahre später sind daraus sieben verschiedene Zeitschriften geworden, mit denen sich die DaimlerChrysler-Unternehmenskommunikation an ihre verschiedenen Kundengruppen wendet.

In den 100 Jahren seit Gründung des NORDDEUTSCHEN HANDWERKS stieg die Zahl der Kundenzeitschriftentitel langsam, aber kontinuierlich bis auf circa 1.500 im Jahre 1995 an (Corporate Publishing Review, zitiert nach Röttger 2002, 110).

Mitte der Neunzigerjahre war es mit der gemächlichen Entwicklung vorbei. Es begannen die Boomjahre der Kundenpresse.

3.2 Marktdaten

Anfang 2003 meldete das Forum Corporate Publishing auf der Basis eigener Schätzungen und von Zählungen des Medienbüros Martini in Hamburg, dass »sich derzeit 3.537 aktive Corporate-Publishing-Publikationen im deutschsprachigen Raum befinden«. Bei dieser und vielen anderen Zahlen aus dem Kundenzeitschriftensektor handelte es sich lediglich um Schätzungen, da es bis dahin keine Einrichtung gab, die den zweiten Zeitschriftenmarkt professionell auszählte. Das vom Branchenverband Forum Corporate Publishing (FCP) gesteuerte Europäische Institut für Corporate Publishing (EICP) gab erst 2008 eine sogenannte Basisstudie in Auftrag, die den deutschsprachigen Corporate Publishing repräsentativ abbilden sollte. Mit der Durchführung beauftragt wurde das Schweizer Marktforschungsunternehmen zehnvier. Die Ergebnisse der Studie basieren auf 305 Einzelinterviews mit Führungskräften bzw. Entscheidern in punkto Corporate Publishing (Geschäftsführung / Vorstand, Verantwortliche Marketing, Verantwortliche PR / Kommunikation). Das heißt, der Markt wurde nicht systematisch ausgezählt und erfasst, sondern hochgerechnet. Es kann also davon ausgegangen werden, dass diese Zahlen den Markt nicht präzise, sondern nur ungefähr abbilden.

Titel und Auflagen

Mit der Hochrechnung mag es zusammenhängen, dass der vorher auch schon auf rund 3.500 Titel geschätzte Markt seit 2008 vom Forum Corporate Publishing auf 15.000 Titel beziffert wird! Laut der EICP-Studie gibt es im deutschsprachigen Raum etwa 7.200 Zeitschriften, die sich an Endkunden wenden (B2C) und rund 7.700 Zeitschriften, deren Zielgruppe Geschäftskunden (B2B) sind. Die B2B-Titel sind damit etwas zahlreicher als die B2C-Titel.

Auch wenn die Zahlen aus dem Corporate-Publishing-Markt nicht wirklich valide sind, scheint es, als wenn sich die Kundenzeitschriften mit ihrer Entwicklungsdynamik in den letzten Jahren weitgehend vom übrigen Printmedienmarkt, der überwiegend mit Stagnation und Rückgang kämpfen musste, abgekoppelt hätten. Das zeigte nicht nur die stetige Gründung neuer Titel, denen nur relativ wenige Einstellungen gegenüberstanden. Das belegt vor allem die Entwicklung der Auflagen. Die Gesamtauflage der Kundenzeitschriften stieg von 1999 bis 2001 von 378 auf 456 Millionen pro Erscheinungsintervall. 2008 kamen, folgt man der EICP-Basisstudie, allein die B2C-Titel auf 640 Millionen Exemplare pro Erscheinungsintervall, und die B2B-Titel steuerten noch einmal 140 Millionen Exemplare hinzu.

Während die Gesamtzahl der Titel angestiegen ist, geht die durchschnittliche Heftauflage zurück. Betrug die Auflage einer Kundenzeitschrift im Jahr 1999 noch im Schnitt 140.000 Exemplare, lag sie Anfang 2008 nur noch bei 113.000 Exemplaren.

Dieser statistische Wert sagt wenig über die tatsächlichen Auflagen der einzelnen Magazine aus. Die Bandbreite ist gewaltig. Sie reicht von Kundenzeitschriften, von denen nicht mehr als 500 Exemplare gedruckt werden, bis hin zu solchen Massentiteln wie der APOTHEKEN-UMSCHAU mit 9,7 Millionen Auflage oder dem Kundenmagazin der Allgemeinen Ortskrankenkassen (AOK) BLEIBGESUND mit 6,4 Millionen Exemplaren. Die zehn auflagenstärksten Zeitschriften in Deutschland sind laut FCP keine Kaufzeitschriften, sondern Kundenzeitschriften. Die hohen Auflagen der Kundenzeitschriften sagen nichts über den Erfolg der einzelnen Blätter aus. Denn vor dem Hintergrund der Gratisverteilung der Zeitschriften kann die Auflage im Unterschied zur Kaufpresse nicht als Erfolgsindikator herangezogen werden. Und nur vier Prozent der Kundenzeitschriften erheben laut FCP einen Copypreis, der zudem in vielen Fällen Makulatur ist.

Titelentwicklung Kundenzeitschriften 1999 bis 2008

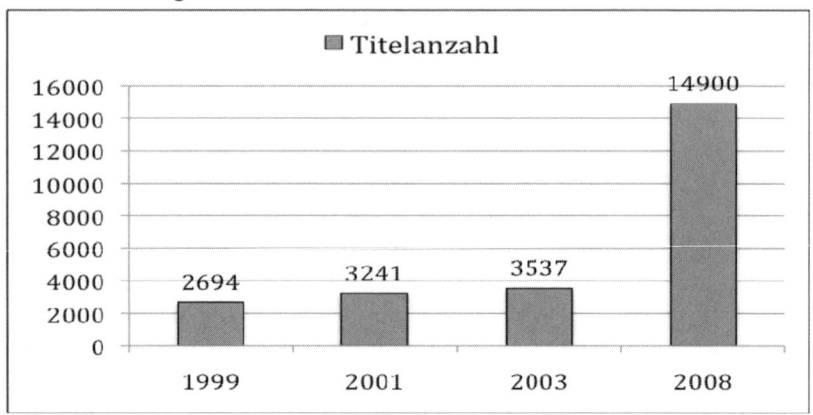

Quelle: MMM/Hamburg, Mediafinder; Forum Corporate Publishing, EICP 2008; eigene Berechnungen für DACH

Auflagenentwicklung Kundenzeitschriften 1999 bis 2008

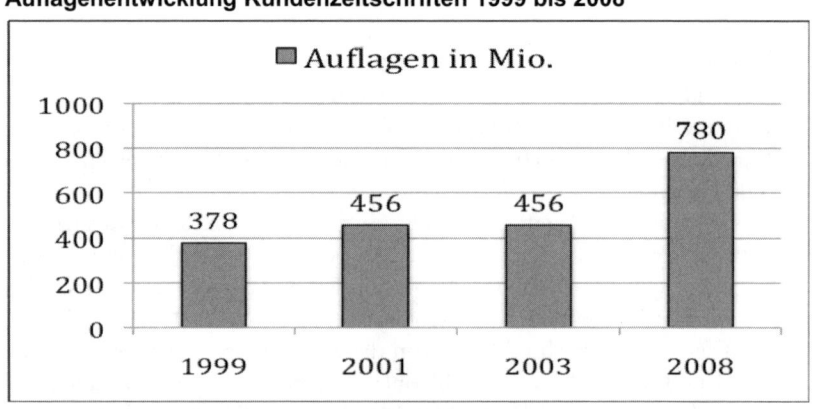

Quelle: MMM/Hamburg, Mediafinder; Forum Corporate Publishing, EICP 2008, eigene Berechnungen für DACH

Entwicklung der durchschnittlichen Auflage 1999 bis 2008

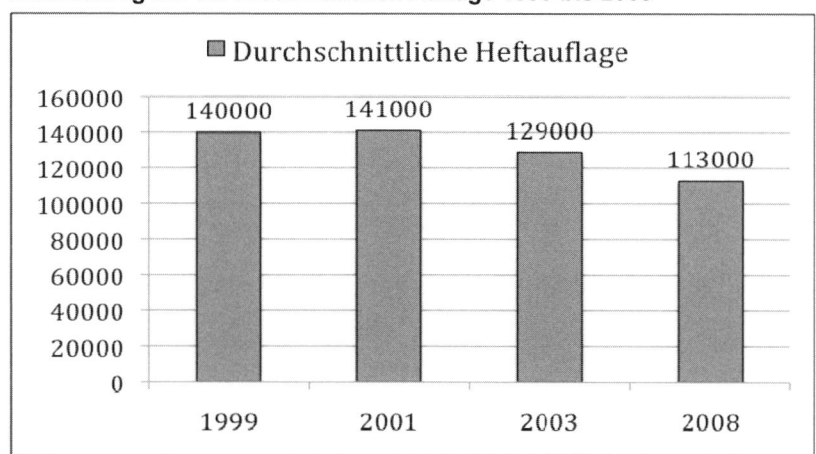

Quelle: MMM/Hamburg, Mediafinder; Forum Corporate Publishing, EICP 2008. Die Zahlenangaben beziehen sich auf Deutschland, Österreich und die Schweiz.

Darüber hinaus basieren die Auflagenangaben der Kundenzeitschriften auf freiwilliger Basis. Anders als bei den bei der IVW (Informationsgemeinschaft zur Feststellung der Verbreitung von Werbeträgern) gemeldeten Kaufzeitschriften werden sie in aller Regel nicht geprüft. Ende 2009 führte die IVW lediglich 199 Titel aus dem Kundenzeitschriftenbereich, allerdings mit steigender Tendenz.

Auflagengrößen deutschsprachiger Kundenmagazine

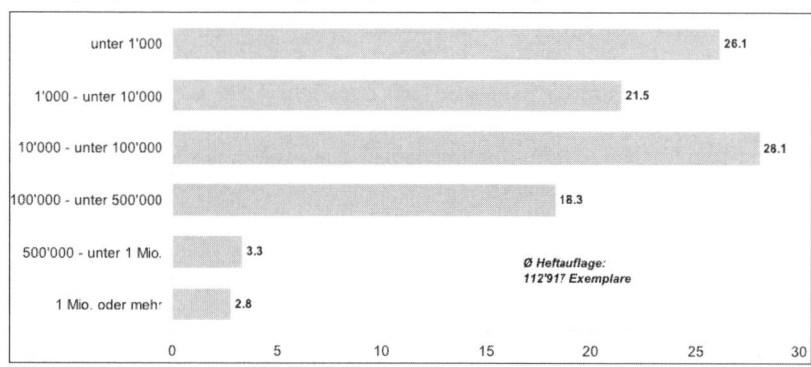

Quelle: EICP 2008, 21 (Basis: n = 205 Titel, gewichtet)

Markt

Merkmale von Kundenzeitschriften

Eine schon etwas ältere Umfrage der Initiative Industriekultur unter 600 deutschen Unternehmen aus dem Jahr 2000 zeigte, dass drei Viertel (76 Prozent) aller Kundenzeitschriften Magazincharakter haben, 16 Prozent sind wie ein Newsletter gemacht und 8 Prozent der Befragten bezeichnen ihre Kundenzeitschrift als Zeitung. Letzeres lässt allerdings lediglich darauf schließen, dass bei diesen Kundenzeitschriften Zeitungspapier benutzt und ein zeitungsähnliches Layout angewandt werden.

Art der Kundenzeitschrift   **Format von Kundenzeitschriften**

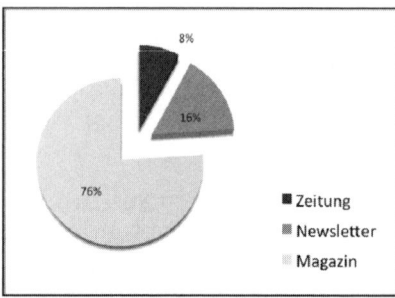 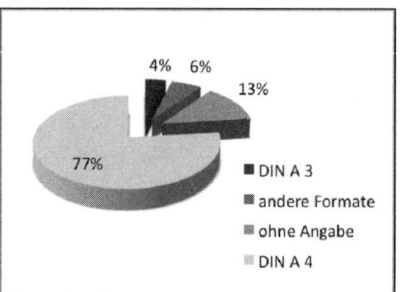

Quelle für beide Diagramme: Initiative Industriekultur 2000, Basis: 600 Unternehmen

Ähnlich wie bei Kaufzeitschriften ist DIN A 4 das am weitesten verbreitete Format bei Kundenzeitschriften. Die Vorliebe für diese Größe hängt mit den Kostenvorteilen beim Postversand und beim Druck zusammen. Normabweichungen im Format machen sich in der Regel negativ bei den Herstellungs- und Vertriebskosten bemerkbar.

Kundenzeitschriften sind vom Umfang her tendenziell dünner als Kaufzeitschriften. Fast zwei Drittel (61,7 Prozent) haben höchstens 24 Seiten Umfang. In einer älteren Erhebung aus dem Jahr 1999 beträgt der durchschnittliche Umfang 41 Seiten (Plan P. 1999, 20). Im Unterschied zu Kaufzeitschriften enthalten Unternehmensmagazine allerdings auch wesentlich weniger Werbung und Beilagen.

Seitenumfang von Kundenzeitschriften

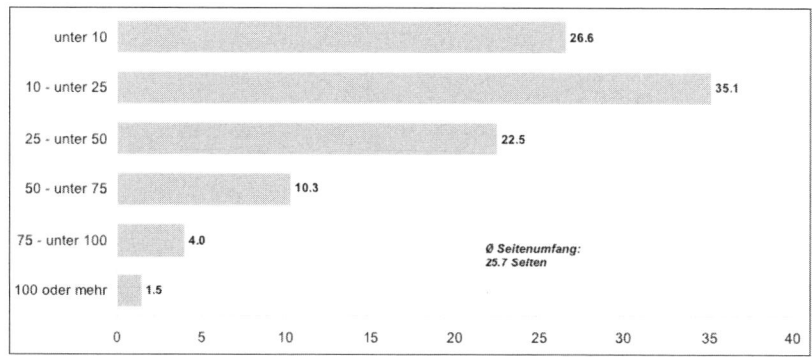

Quelle: EICP 2008, 22 (Basis: n = 205 Titel, gewichtet)

Das Gros (65 Prozent) der Kundenzeitschriften erscheint viermal im Jahr. Die zweithäufigste Erscheinungsweise (24 Prozent) ist zweimal im Jahr. Damit erscheinen Kundenzeitschriften zwar regelmäßig, aber im Vergleich zu Kaufzeitschriften seltener. Wöchentlich erscheinende Kundenzeitschriften gibt es nur wenige. Dazu zählen das MIGROS-MAGAZIN, die Kundenzeitschrift des Schweizer Migros Genossenschaftsbundes, und die COOPZEITUNG von Coop, der zweitgrößten Handelskette der Schweiz.

Fast zwei Drittel aller Kundenzeitschriften gelangen per Direktversand zum Kunden. Bei einer Gesamtauflage von 780 Millionen Exemplaren pro Erscheinungsintervall kann man sich ungefähr vorstellen, welch ein gutes Geschäft der Boom der Kundenzeitschriften für die Deutsche Post bedeutet. Die Herausgeber wählen diesen Vertriebsweg aus drei Gründen:

1. erreichen sie den Kunden zuhause in seiner vertrauten Umgebung.
2. dokumentiert das herausgebende Unternehmen, dass ihm viel am Kontakt mit den Kunden liegt.
3. sind beim Postversand die Streuverluste gering, zumindest wenn die benutzten Adressen aktuell und korrekt sind. Als weitere Vertriebswege spielen die Auslage, zum Beispiel auf Messen oder am Point of Sale (POS), eine Rolle sowie die Verteilung durch Mitarbeiter oder das Beilegen in Zeitungen.

Markt

Erscheinungsweise von Kundenzeitschriften

Pro Jahr	absolut	Prozent
1-mal	1	1,5
2-mal	20	30,3
3-mal	8	12,1
4-mal	24	36,4
5-mal	1	1,5
6-mal	3	4,5
7- bis 12-mal	6	9,0
mehr als 12-mal	3	4,5
gesamt	66	100,0

Quelle: Weichler/Plan P. 2005, 22

Vertrieb von Kundenzeitschriften

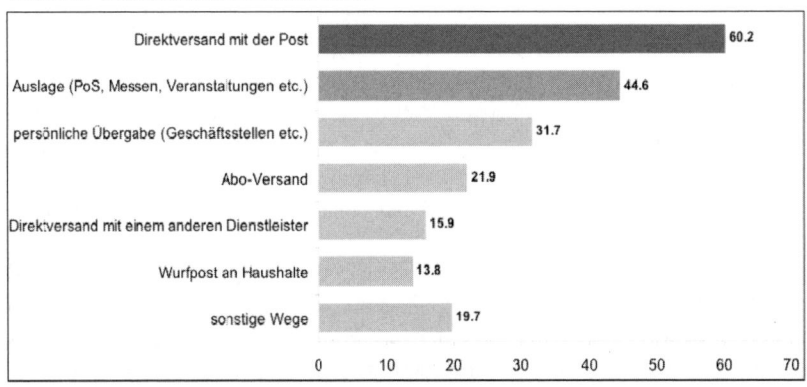

Quelle: EICP 2008, 24 (Basis: n = 205 Titel, gewichtet)

3.3 Finanzierung und Kosten

Wer eine Kundenzeitschrift plant, um die Kundenbindung und das Image des eigenen Unternehmens zu verbessern, wird sich vor allem für die Kosten interessieren. Da den unentgeltlich vertriebenen Kundenzeitschriften keine Vertriebserlöse zur Verfügung stehen, die Anzeigeneinnahmen eine geringe Rolle spielen, müssen die Herausgeber ihre Blätter weitestgehend aus den Budgets von Marketing und Öffentlichkeitsarbeit finanzieren.

Finanzierung von Kundenzeitschriften

Prozent	
91	(Unternehmen)
21	(Anzeigen)
7	(Kooperationen)

Quelle: Initiative Industriekultur 2000; befragt wurden 600 Unternehmen

Auch wenn die Befragung schon zehn Jahre alt ist, haben sich die Finanzierungsanteile kaum verschoben:

- 91 Prozent Finanzierung durch das Unternehmen
- 21 Prozent Finanzierungsbeiträge (Anzeigen)
- 7 Prozent durch Kooperationen

Die Jahresetats der einzelnen Unternehmen sind so unterschiedlich wie die Publikationen, die sie herausgeben. Für die Kundenzeitschrift werden zwischen 25.000 Euro und 1,6 Millionen Euro ausgegeben. Durchschnittlich kostete eine Kundenzeitschrift im Jahr 2005 302.400 Euro. Einige wenige Publikationen mit sehr hohem Etat beeinflussen den Durchschnitt allerdings sehr stark. Der Median liegt mit 200.000 Euro pro Jahr sehr viel tiefer.

Gesamtetat von Kundenzeitschriften pro Jahr

Euro	absolut	Prozent
bis 50.000	5	10,4
50.001 bis 100.000	11	22,9
100.001 bis 250.000	16	33,3
250.001 bis 500.000	8	16,6
500.001 bis 750.000	4	8,3
über 750.000	4	8,3
gesamt	48	100,0

Quelle: Weichler/Plan P. 2005, 41; 48 von 66 Befragten haben die Frage nach dem Gesamtetat beantwortet.

Der größte Etat steht den Banken und Versicherungen für ihre Kundenzeitschriften zur Verfügung, gefolgt von den Unternehmen der Branche Automobil/Verkehr/Touristik. Über vergleichsweise geringe Mittel entscheiden dagegen die Unternehmen aus dem Bereich Kultur/Medien.

Gesamtetat pro Jahr nach Branchen

Branchen	Etat in Euro	Antworten
Banken/Versicherungen	419.300	7 von 8
Automobil/Verkehr/Logistik	390.000	7 von 10
Energie/Umwelt	310.000	3 von 4
Chemie/Grundstoffe	165.700	3 von 3
Handwerk/Bau	148.300	3 von 3
IT/Telekommunikation	136.200	4 von 7
Medien/Kultur	39.300	3 von 3

Quelle: Weichler/Plan P. 2005, 41; die dritte Spalte gibt an, wie viele Umfrageteilnehmer aus der jeweiligen Branche die Frage beantwortet haben.

Pro Ausgabe stehen den Verantwortlichen zwischen 6.000 und 575.000 Euro zur Verfügung. Diese große Spanne zeigt, wie unterschiedlich die Unternehmen an ihre Kundenzeitschriften herangehen. Die einen produzieren preiswerte Zeitschriften in kleiner Auflage, die eher Newsletter- bzw. Infobriefcharakter haben, andere unterhalten Zeitschriftenredaktionen, die den Vergleich mit Kaufzeitschriften nicht scheuen müssen und in hohen Auflagendimensionen gedruckt werden. Durchschnittlich betragen die Kosten pro Ausgabe rund 85.000 Euro, der Median liegt bei 50.000 Euro.

Gesamtkosten pro Ausgabe

Euro	absolut	Prozent
bis 10.000	5	10,4
10.001 bis 20.000	5	10,4
20.001 bis 30.000	3	6,2
30.001 bis 40.000	8	16,7
40.001 bis 50.000	6	12,5
50.001 bis 70.000	3	6,2
70.001 bis 100.000	11	22,9
über 100.000	7	145,6
gesamt	48	100,0

Quelle: Weichler/Plan P. 2005, 41 f.; 48 Befragte von 66 haben geantwortet.

Werden die Gesamtkosten pro Ausgabe auf die Seitenzahlen heruntergerechnet, so ergibt sich ein Preis von rund 2.300 Euro. So viel kostet durchschnittlich eine Seite in einem Kundenmagazin.

Im Grunde wird ein Magazin mit drei Faktoren kalkuliert: a) die Kosten pro Seite mal Umfang, b) der Druck, abhängig von Umfang und Auflage sowie c) der Vertrieb, abhängig von Auflage und Zustellungsart. Insofern ist es nur logisch, dass die Gesamtkosten pro Ausgabe steigen, je höher die Auflage wird, da die Druckkosten steigen.

Rechnet man die Gesamtkosten pro Ausgabe auf ein Exemplar herunter, so ergibt sich ein Stückpreis zwischen 18 Cent und 8,33 Euro pro Exemplar. Der Durchschnitt liegt bei 2,40 Euro, der Median bei 1,60 Euro.

Gesamtkosten pro Ausgabe/Auflage

Exemplare	Euro	
bis 5.000	15.900	5 von 6
5.001 bis 10.000	32.500	11 von 12
10.001 bis 25.000	51.000	7 von 14
25.001 bis 50.000	53.800	7 von 9
50.001 bis 100.000	82.600	8 von 9
100.001 bis 500.000	251.000	9 von 12

Quelle: Weichler/Plan P. 2005, 42; die dritte Spalte gibt an, wie viele Umfrageteilnehmer aus dem jeweiligen Segment die Frage beantwortet haben.

Banken und Versicherungen haben neben den Unternehmen der Automobilwirtschaft die größten Etats zur Verfügung. Vergleichsweise bescheiden sind dagegen die Möglichkeiten der Branchen IT/Telekommunikation und Handwerk/Bau. Am unteren Ende rangieren die Publikationen aus dem Bereich Medien/Kultur.

Gesamtkosten pro Ausgabe nach Branchen

Branche	Euro	Antworten
Banken/Versicherungen	125.000	7 von 8
Automobil/Verkehr/Logistik	106.000	7 von 10
Energie/Umwelt	92.700	3 von 4
Chemie/Grundstoffe	51.200	3 von 3
IT/Telekommunikation	49.000	4 von 7
Handwerk/Bau	49.000	3 von 3
Medien/Kultur	17.000	3 von 3

Quelle: Weichler/Plan P. 2005, 43; die dritte Spalte gibt an, wie viele Umfrageteilnehmer aus der jeweiligen Branche die Frage beantwortet haben.

Das Gros der Unternehmen, die Kundenzeitschriften herausgeben, schaltet für Redaktion und Grafik externe Dienstleister ein. Die 2005 vom Institut für Journalismus und Public Relations im Auftrag von Plan P. durchgeführte Befragung hat auch versucht, diesen Bereich kostenmäßig zu erfassen.

Demnach bewegten sich die gesamten Honorare für Dienstleister pro Ausgabe in rund 60 Prozent der Fälle unter 40.000 Euro. Sechs Verantwortliche zahlten weniger als 5.000 Euro an externe Dienstleister. Einer allerdings zahlte 280.000, ein anderer sogar mehr als 316.000 Euro. Im Durchschnitt waren es 46.000 Euro.

Honorare für redaktionelle Dienstleister pro Ausgabe gesamt

Euro	absolut	Prozent
bis 5.000	6	16,2
5.001 bis 20.000	9	24,3
20.001 bis 40.000	10	27,0
40.001 bis 60.000	6	16,2
60.001 bis 100.000	3	8,1
über 100.000	3	8,1
gesamt	37	100

Quelle: Weichler/Plan P. 2005, 44 (37 von insgesamt 66 Befragten haben geantwortet)

Die Honorare für redaktionelle Dienstleister betragen pro Ausgabe etwa 14.700 Euro. Für die Gestaltung einer Kundenzeitschrift werden im Schnitt 17.300 Euro gezahlt. Fotografen und Bildrechte kosten durchschnittlich 6.500 Euro. Die Untersuchung erfasste aber auch eine Ausnahme, wo der Auftraggeber sich diesen Bereich 70.000 Euro pro Ausgabe kosten ließ.

Honorare für Text/Redaktion pro Ausgabe

Euro	absolut	Prozent
bis 1.000	5	29,4
1.001 bis 10.000	5	29,4
10.001 bis 20.000	4	23,5
über 20.000	3	17,6
gesamt	17	100

Quelle: Weichler/Plan P. 2005, 44

Honorare für Gestaltung und Foto pro Ausgabe

Euro	Gestaltung		Fotos	
	absolut	Prozent	absolut	Prozent
bis 1.000	0	0	3	18,7
1.001 bis 5.000	5	29,4	8	50
5.001 bis 10.000	4	23,5	5	31,2
10.001 bis 20.000	4	23,5	0	0
über 20.000	4	23,5	1	6,25
gesamt	17	100	16	100

Quelle: Weichler/Plan P. 2005, 44 f.

Teurer als die redaktionelle Erstellung kommen in der Regel die Aufwendungen für die Produktion (Druck und Litho) und den Vertrieb. Diese technischen Kosten sind mit durchschnittlich 31.700 Euro der größte Kostenfaktor bei der Herstellung einer Kundenzeitschrift. Ein Drittel der Befragten zahlte mehr als 40.000 Euro für diesen Bereich.

Für die Produktion, also Litho und Druck ihrer Kundenzeitschrift, zahlen mehr als die Hälfte der Befragten zwischen 5.000 und 20.000 Euro. Durchschnittlich kostet dieser Bereich 25.000 Euro.

Die Versandkosten pro Ausgabe liegen in den meisten Fällen unter 10.000 Euro. In einigen Fällen jedoch deutlich höher, so dass der Durchschnitt bei rund 25.200 Euro liegt.

Technische Kosten pro Ausgabe

Euro	absolut	Prozent
bis 10.000	8	25,8
10.001 bis 20.000	4	12,9
20.001 bis 30.000	6	19,3
30.001 bis 40.000	3	9,7
40.001 bis 50.000	4	12,9
50.001 bis 75.000	5	16,1
über 75.000	1	3,2
gesamt	31	100

Quelle: Weichler/Plan P. 2005, 45

Produktionskosten (Druck und Litho) pro Ausgabe

Euro	absolut	Prozent
bis 5.000	5	18,5
5.001 bis 10.000	5	18,5
10.001 bis 15.000	3	11,1
15.001 bis 20.000	7	25,9
20.001 bis 25.000	2	7,4
25.001 bis 50.000	2	7,4
über 50.000	3	11,1
gesamt	27	100

Quelle: Weichler/Plan P. 2005, 46

Versandkosten pro Ausgabe

Euro	absolut	Prozent
bis 5.000	10	40
5.001 bis 10.000	5	20
10.001 bis 15.000	2	8
15.001 bis 20.000	5	20
über 20.000	3	12
gesamt	25	10

Quelle: Weichler/Plan P. 2005, 46

3.4 Refinanzierungsmöglichkeiten

Die Zahl der Kundenzeitschriften, die sich komplett refinanziert, dürfte an einer Hand abzuzählen sein. Zu diesen Ausnahmen zählt die Kundenzeitschrift der Porsche AG CHRISTOPHORUS, deren Redaktion als Profit-Center arbeitet, folglich die Ausgaben durch Einnahmen decken muss (Müller 1999, 79). Das schafft sie vor allem durch den Verkauf von Anzeigenraum. 2010 kostete eine Farbseite in der Autozeitschrift bei einer gedruckten Auflage von 331.000 Exemplaren 18.000 Euro.

Theoretisch steht den herausgebenden Unternehmen laut Müller eine ganze Reihe von Möglichkeiten zur Refinanzierung zur Verfügung:

- Verkauf der Kundenzeitschrift im Pressehandel
- Verkauf der Kundenzeitschrift am eigenen POS
- Eigeninserate (in das Budget als innerbetriebliche Leistung einfließend)
- sonstige innerbetrieblichen Leistungsverrechnungen
- Cross Selling
- Co-Marketing (fremdfinanzierte Angebote an den Leser zum Beispiel durch Reise und Konzertveranstalter)
- bezahlte Fremdanzeigen
- Gegengeschäftsanzeigen
- bezahlte PR-Beiträge
- erfolgsabhängige Verabredungen (zum Beispiel Prämien für den Herausgeber nach Höhe der Rücklaufquote für eine Coupon-Aktion, die ein Fremdinserent durchführt)
- preisgünstige Beilagen
- Werbekostenzuschläge (zum Beispiel durch Vertragshändler für die Versandkosten) (Quelle: Müller 1999, 82)

Anzeigen als Refinanzierungsmöglichkeit

	absolut	Prozent
ja	29	43,9
nein	36	54,5
gesamt	66	100,0

Quelle: Weichler/Plan P. 2005, 47

Die mit Abstand am meisten genutzte Refinanzierungsmöglichkeit ist die Aufnahme von Anzeigen. Nicht ganz die Hälfte (43,9 Prozent) der vom

Institut für Journalismus und PR der Fachhochschule Gelsenkirchen befragten Unternehmen versuchte über den Anzeigenverkauf wieder Geld hereinzubekommen. Die niedrigsten Einnahmen lagen bei unter 5.000 Euro pro Ausgabe, die höchsten wurden mit 120.000 Euro angegeben. Im Vergleich zu den Neunzigerjahren hat sich der Anzeigenverkauf verbessert und ist zu einem Planungsfaktor geworden. Der Verkauf von Kundenzeitschriften, vor einigen Jahren in der Branche noch rege diskutiert und von nicht wenigen Herausgebern angestrebt, erweist sich hingegen in der Praxis als zu schwierig. Die beiden Refinanzierungsarten Anzeigen und Copypreis funktionierten also unterschiedlich gut. Das Anzeigengeschäft könnte noch besser funktionieren, wenn die Macher potenziellen Anzeigenkunden noch präziser sagen könnten, wie die Kundenzeitschriften von ihren Lesern genutzt werden. Den Kundenzeitschriften fehlt bis heute eine Grundlagenstudie über ihre Nutzung und Wirkung. Es gibt bislang nur zahlreiche Einzelfallstudien, zum Beispiel über das AUDI MAGAZIN von TNS Emnid. Außerdem: Eine Auflagenprüfung durch die Informationsgesellschaft zur Feststellung der Verbreitung von Werbeträgern (IVW) können nur wenige Kundenzeitschriften vorweisen. Die IVW gilt in der Werbewirtschaft als wichtiges Kontrollelement der Auflage. Die IVW-Zahlen sind somit auch ein Nachweis der Leistungsfähigkeit des entsprechenden Titels als Werbeträger (Deutsche Post AG o. J., 134). Ende 2009 waren dort lediglich 199 von knapp 15.000 Kundenzeitschriften gemeldet! Die zentrale Anzeigenstatistik (ZAS), das ist die Anzeigenstatistik des Verbandes der deutschen Zeitschriftenverleger (VDZ), führte zum selben Zeitpunkt sogar nur 41 Kundenzeitschriften.

Anzeigeneinnahmen pro Ausgabe

Euro	absolut	Prozent
bis 5.000	5	17,2
über 5.000 bis 10.000	4	13,8
über 10.000 bis 15.000	2	6,9
über 15.000	5	17,2
gesamt	29	100

Quelle: Weichler/Plan P. 2005, 48

Auch die großen Verlage wie Burda, Gruner + Jahr oder die Verlagsgruppe Handelsblatt mussten nach ihrem Einstieg in den Kundenzeitschriftenmarkt schnell erkennen, dass der Anzeigenverkauf von Kaufzeitschriften und Kundenzeitschriften unterschiedlich funktioniert. Ursprünglich hatten die

ZAS-Anzeigenstatistik für Kundenzeitschriften

Kundenzeitschrift	Heftumfang	Anzeigenseiten
Bayerisches Ärzteblatt	150	57,2
Compass	52	8
Condor	264	18
DB Mobil	308	94,1
Ikea Family Living	84	15
Lufthansa Magazin	228	66,5
Lufthansa Womans World	76	20
Neue Apotheken Illu	156	43,1
Ratgeber aus Ihrer Apotheke	96	43,6
Wirbelwind	58	7

Quelle: ZAS, 1. Quartal 2010

Verantwortlichen in den Großverlagen gedacht, dass sie Publikumszeitschriften und Kundenzeitschriften gemeinsam verkaufen könnten. Nach dem Motto: Wenn der Kunde den STERN belegt, kann er auch gleich noch das LUFTHANSA MAGAZIN mitbuchen. Folglich ließen die Verlage die Kundenzeitschriften in den Neunzigerjahren von den Anzeigenabteilungen der Kaufzeitschriften mit vermarkten. Doch in der Praxis konnten die Kioskblätter die Kundentitel nicht mitziehen. Der Grund liegt in den unterschiedlichen Vertriebsformen und deren Auswirkungen. In den gängigen Marktstudien der Kaufzeitschriften wie der Allensbacher Werbeträger Analyse (AWA) finden die Kundenzeitschriften nicht statt. Gattungsvergleiche innerhalb derselben Branche funktionieren nicht, weil die Erscheinungsrhythmen ganz verschieden sind. Außerdem sind Anzeigen in Kundenzeitschriften beratungsintensiv. Nach den Erfahrungen der Großverlage sind sie selten die Basis einer Kampagne, sondern oft nur Zusatzschaltungen.

In der Folge wurden die Anzeigenvermarktungen von Kauf- und Kundenzeitschriften wieder getrennt. Heute haben die Kundenzeitschriften-Töchter der Großverlage eigene Anzeigenabteilungen, die die Kundenzeitschriften des eigenen Hauses, aber auch Fremdtitel vermarkten.

Anzeigen für das Image

Manche Zeitschriftenmacher sehen Anzeigen im eigenen Heft allerdings nicht nur unter Erlös-, sondern unter Image-Gesichtspunkten. Sie glauben, dass Werbung mittlerweile zu unserem Kommunikationsalltag gehört. Folglich steigere ein gewisser Anzeigenanteil in einer Kundenzeitschrift die Authentizität als Printmedium und erhöhe somit dessen Glaubwürdigkeit (Müller 1999, 84). Einig sind sich fast alle Verantwortlichen von Kundenzeitschriften, dass der Anteil von Fremdanzeigen auch nicht zu hoch sein dürfe, weil sie vom Marktauftritt des Herausgebers ablenken und damit die eigentlichen Ziele der Kundenzeitschrift gefährden würden (Müller 1999, 84).

3.5 Ökonomische Bedeutung

Mit der Titelzahl ist auch der Umsatz der Kundenzeitschriftenbranche gewachsen. Mit über drei Milliarden Euro beziffert das Forum Corporate Publishing den Umsatz der deutschsprachigen Corporate-Publishing-Branche für das Jahr 2008. Unter Corporate Publishing werden allerdings nicht nur Unternehmensmagazine subsumiert, sondern auch Mitarbeiterzeitschriften, Corporate Books, Geschäftsberichte, Business-TV, CD-Roms, Internet- und Intranetauftritte. Wie viel von den drei Milliarden Euro auf die Kundenzeitschriften entfallen, weist der Branchenverband nicht aus. Der Anteil dürfte aber nach eigenen Schätzungen der Autoren etwa bei drei Viertel liegen, das heißt die Kundenzeitschriften stehen für etwa 2,25 Milliarden Euro Gesamtumsatz. Zum Vergleich: Das ist weniger als der Umsatz des deutschen Buchmarktes. Der erwirtschaftete im Jahr 2009 ein geschätztes Gesamtvolumen von 9,6 Milliarden Euro. Das ist in etwa die Größenordnung des deutschen Fach-

Erwartete Wachstumspotenziale im Corporate Publishing

Branche	Note
Industrie/Technologie/Energie	1,95
Gesundheitswesen/Pharma	2,35
Tourismus/Reisen	2,39
Transport/Logistik/Automobil	2,6
Banken/Finanzdienstleistungen	2,7
Institut/Verbände/Non-Profit	2,73
IT/Telekommunikation	2,78
Medien/Kultur/Entertainment	2,9
Handwerk/Bau/Architektur	3,31
Handel/Konsum	3,38

Quelle: Forum Corporate Publishing 2008; befragt wurden 82 CP-Dienstleister, von denen 37 antworteten. Die Befragten konnten auf einer 5er-Skala Noten von 1 (= sehr gut) bis 5 (= sehr schlecht) vergeben.

zeitschriftenmarktes. Dort setzten die Zeitschriften im Jahr 2008 etwas mehr als 2 Milliarden Euro um.

Und im Gegensatz zu den beiden genannten Branchen wächst der Kundenzeitschriftenmarkt auch in Zeiten einer schwachen Konjunktur. Die im Forum Corporate Publishing zusammengeschlossenen Mitglieder erzielten in den letzten Jahren nach eigenen Angaben überwiegend Umsatzwachstum.

Wachstumspotenzial sehen die Dienstleister in erster Linie noch in den Branchen Industrie/Technologie/Energie, Gesundheitswesen/Pharma und Tourismus/Reisen.

3.6 Mediendienstleister

Die 15.000 Kundenzeitschriften im deutschsprachigen Raum werden von den Unternehmen selbst oder von externen Mediendienstleistern erstellt.

Laut Forum Corporate Publishing beziehen die meisten Unternehmen (87 Prozent) externe Dienstleister mit ein. 15 Prozent arbeiten mit speziellen CP-Dienstleistern zusammen (EICP 2008, 56).

Das Geschäft mit dem Corporate Publishing teilen sich geschätzte 1.800 bis 2.000 Spezialisten, Redaktionsbüros und Volldienstleister (Menhard/Treede 2004, 53). In das immer noch von kleinen Verlagen und PR- und Werbeagenturen dominierte Geschäft sind seit den Neunzigerjahren verstärkt auch die großen Publikumszeitschriftenverlage eingestiegen. Angelockt vom Boom des zweiten Zeitschriftenmarktes und der Aussicht auf ein sicheres Geschäft – unabhängig von Vertriebs- und Anzeigenerlösen – haben Unternehmen wie Gruner + Jahr, Burda, Jahreszeitenverlag, Süddeutscher Verlag und die Verlagsgruppe Handelsblatt Tochterfirmen gegründet, die seitdem erfolgreich beim Geschäft mit den Unternehmensmedien mitmischen. Anfang 2010 ließ es sich auch der Zeitverlag (DIE ZEIT) nicht nehmen und eröffnete unter dem Namen Tempus Corporate eine eigenständige Filiale, die ihre Auftraggeber vor allem bei Hochschulen, Stiftungen und wissenschaftlichen Einrichtungen finden wollte.

Der Vorteil der Großanbieter liegt für viele potenzielle Kunden auf zwei Ebenen:

- Image
- Full Service

Anbieter wie Tempus Corporate, Corporate Editors von G+J oder Hoffmann und Campe profitieren von dem Ruf, den sich die Mutterhäuser mit ihren Kaufzeitschriften bereits erarbeitet haben. Wer seine Kundenzeitschrift in die Hände von Corporate Editors gibt, spekuliert darauf, dass das eigene Blatt den Qualitätslevel von STERN oder GEO erreicht. Außerdem setzt man auf Synergieeffekte. Wer sich an Hoffmann und Campe wendet, erwartet journalistische Leistung der Art, wie er sie in der Reisezeitschrift MERIAN oder dem Special-Interest-Blatt FEINSCHMECKER findet. Die potenziellen Auftraggeber entlehnen damit ein Stück der Glaubwürdigkeit, die die Verlage mit ihren unternehmensunabhängigen Produkten aufgebaut haben, für ihre Auftragskommunikation. Angesichts bröckelnder Anzeigen- und Vertriebserlöse bei ihren Kaufzeitschriften waren die Großverlage in der Vergangenheit nur zu gerne bereit, das neue Geschäftsfeld aufzubauen. Sie wissen um die Zugkraft, die von hochwertigem Journalismus ausgeht. Zielgerichtet wurden deshalb erfahrene Printjournalisten von den Kaufpublikationen zu den Kundenzeitschriften versetzt, um diese Trumpfkarte im Wettbewerb mit den kleineren Verlagen und den No-Names der PR- und Werbeagenturen sowie der Redaktionsbüros ausspielen zu können. Klaus Liedtke, von 1997 bis 2007 Chefredakteur des LUFTHANSA MAGAZIN, war in früheren Jahren Chefredakteur der Illustrierten STERN und steht auch heute noch der deutschen Ausgabe des GEO-Konkurrenten NATIONAL GEOGRAPHIC vor. Corporate Editors, das Tochterunternehmen von Gruner + Jahr, verlegt außerdem unter anderem für die Deutsche Bahn DB MOBIL, für das Möbelhaus Ikea IKEA FAMILY LIVE, für den VW-Konzern das VOLKSWAGEN MAGAZIN und für die Deutsche Angestellten Krankenkasse (DAK) START!.

Beim Hamburger Konkurrenten Hoffmann und Campe wirft sich ein anderes journalistisches Schwergewicht für die eigenen Kundenzeitschriften in die Waagschale. Manfred Bissinger, Gründer und Chefredakteur der inzwischen eingestellten Zeitschrift DIE WOCHE, davor Chefredakteur der Zeitschriften KONKRET, NATUR und MERIAN, ist seit 2002 Geschäftsführer für die Kundenzeitschriften. Ein Teil des Kundenzeitschriftengeschäftes von Hoffmann und Campe soll nur dank seiner guten Beziehungen in Wirtschaft und Politik zustande gekommen sein. Hoffmann und Campe verlegt zum Beispiel die Unternehmensmagazine EVONIK MAGAZIN, RWE MAGAZIN, BMW MAGAZIN und THE MINI INTERNATIONAL (BMW). Ende 2010 löst der langjährige Chefredakteur der Wirtschaftstageszeitung HANDELSBLATT, Bernd Ziesemer, an der Spitze von Hoffmann und Campe Corporate Publishing Manfred Bissinger ab, weil der sich in den Ruhestand verabschiedet.

Manfred Hasenbeck, bis Ende 2009 Geschäftsführer von Burda Yukom Publishing, Gründer des Forum Corporate Publishing, war Ressortleiter bei der WIRTSCHAFTSWOCHE und Chefredakteur von HIGH TECH, bevor er sich mit der Produktion von Kundenzeitschriften selbstständig machte. Seine Firma, die Yukom Mediengruppe fusionierte zu Beginn des Jahres 2003 mit dem Großverlag Burda (FOCUS, ELLE, FREIZEIT REVUE usw.). Burda Yukom Publishing betreut unter anderem THINK:ACT (Roland Berger), CAN DO (O2), BLUE LINE (Hewlett Packard) und TESTBOX (Deutsche Post).

Als letztes Beispiel sei Wilfried Lülsdorf, geschäftsführender Chefredakteur von Corps, dem auf Kundenmagazine spezialisierten Tochterunternehmen der Verlagsgruppe Handelsblatt, genannt. Nach Abschluss der Kölner Journalistenschule sammelte er journalistische Erfahrungen als Redakteur bei WIRTSCHAFTSWOCHE, MANAGER MAGAZIN, STERN, FOCUS, IMPULSE, FORBES und BIZZ. Heute verantwortet er Kundenzeitschriften wie das AUDI MAGAZIN, GELSENWASSER PRIVAT (Gelsenwasser Gruppe) und FAMILY VALUES (Weber Bank).

Neben der journalistischen Potenz und möglichen synergetischen Effekten bei der Text-, Bildbeschaffung sowie der Anzeigenakquisition gehört es bei der Umsetzung eines Kundenmagazins dazu, die Kundenzeitschriften in allen Phasen und auf allen Ebenen zu betreuen: von der Konzeption über die Redaktion bis hin zum Druck. Dies können große wie kleine Verlagsanbieter gleichermaßen organisieren. Welche Voraussetzungen konkret notwendig sind, ist abhängig vom jeweiligen Projekt. Jedes Verlagshaus setzt eigene Schwerpunkte. »In der Internationalität sehen wir eine der Spezialitäten unseres Hauses«, wirbt Geschäftsführer Kai Laakmann für sein Unternehmen Hoffmann und Campe (Schmidt 2000, 9). Aufgrund der internationalen Aktivitäten können die Texte für die 36 Länderausgaben des BMW Magazins von Muttersprachlern übersetzt und überarbeitet werden.

Die fünf größten Corporate-Publishing-Dienstleister

Verlag	Ort
Burda Yukom Publishing	München
Corporate Editors	Hamburg
Hoffmann und Campe	Hamburg
wdv	Bad Homburg
Journal International	München

Quelle: eigene Schätzung

Auch wenn die Ableger der Kaufzeitschriftenverlage in den vergangenen Jahren zahlreiche Kunden gewinnen konnten, wird die Mehrzahl aller extern produzierten Kundenzeitschriften nach wie vor von unabhängigen Dienstleistern produziert. Viele von ihnen gründeten sich Anfang der Neunzigerjahre. Zu den Kundenzeitschriften-Dienstleistern »der ersten Stunde« gehören:

- die Kölner muehlhausmoers corporate communications (Gründungsjahr: 1990), die unter anderem Kundenzeitschriften für Electronic Arts, ABB und die Deutsche Welthungerhilfe auflegt,
- die Medienfabrik Gütersloh, die unter anderem für die Deutsche Post, den TÜV, Rewe oder den deutschsprachigen Naturkosthandel Kundenzeitschriften realisiert,
- Plan P. corporate publishing in Hamburg (Gründungsjahr: 1990), die als Kunden den Waggonhersteller Bombardier, den Modeversender Conleys oder Wacker Chemie haben und
- Journal International Verlags- und Werbegesellschaft mbH, die im Rahmen der Journal Group inklusive des PMI Publishing Verlags über 35 Magazintitel von AVENUE (Peugeot Deutschland) über MOMENTUM (Glashütte Uhrenbetrieb GmbH) bis hin zum DINERS CLUB MAGAZIN produziert.

Auch diese auf das Corporate Publishing spezialisierten Spezialisten sind in der Lage, Kundenzeitschriften komplett von der Konzeption über die Redaktion bis hin zum Druck umzusetzen. Sie verfügen dabei nur zum Teil über eigene Druckereien, sondern wickeln die drucktechnische Seite meistens mit passenden Lithoanstalten und Druckereien für den Herausgeber ab. Die Mediendienstleister haben zwischen 10 und 100 Angestellte, so dass sie in der Regel genügend Mitarbeiter haben, um Aufträge komplett im Haus abzuwickeln. Bei Bedarf ziehen sie freie Mitarbeiter (Grafiker, Texter, Fotografen usw.) hinzu. Darüber hinaus gibt es auch Dienstleister wie die Hamburger Magazine Factory des ehemaligen Spiegel-Art-Direktors Dietmar Suchalla, der keine Angaben zu seiner Mitarbeiterzahl macht, aber damit wirbt, dass man in »enger Verbindung mit Fachleuten aus allen Sparten« stehe und diese nach dem Baukastensystem für jedes Projekt neu zusammenstelle. Zu seinem Factory-Netzwerk zählen nach eigenem Bekunden: »Hochqualifizierte Autoren und Redakteure, Gestalter, Fotografen und Zeichner, Bildjournalisten, Anzeigenakquisiteure und Hersteller.«

Bei lukrativen Aufträgen von großen Unternehmen konkurrieren die auf Kundenzeitschriften spezialisierten Verlage mit den Kundenzeitschriftenabteilungen der großen Zeitschriftenverlage und mit PR-Agenturen, die neben anderen Dienstleistungen der Public Relations eben auch die Realisierung von Kundenzeitschriften anbieten. Bei kleineren Aufträgen wiederum konkurrieren die Spezialverlage mit Journalistenbüros, die neben reiner Textproduktion immer öfter auch die komplette Abwicklung von Kundenzeitschriften anbieten. Für wen sich der potenzielle Auftraggeber entscheidet, hängt von verschiedenen Faktoren ab.

Sind ihm Name und Synergieeffekte eines großen Unternehmens wichtig, will er die Abwicklung in einer Hand, und verfügt er zudem über ausreichend Geld, wird er sich in vielen Fällen für die Kundenzeitschriftenabteilungen der Großverlage entscheiden.

Sucht er ein auf Kundenzeitschriften spezialisiertes Unternehmen, das ihm vollen Service bieten kann und bei dem man keinen Überbau mit bezahlen muss, dann wird er einen reinen Corporate-Publishing-Dienstleister präferieren.

Wer nur einen anspruchslosen Infobrief realisieren will oder nur ein sehr begrenztes Budget zur Verfügung hat, wendet sich an ein Redaktionsbüro oder an einen kompetenten freien Journalisten.

Über alle Kategorien hinweg spielt bei der Auswahl eines Dienstleisters auch dessen Affinität zur Branche des Herausgebers eine wichtige Rolle, denn »ein Verlag oder eine Agentur, die bereits Publikumsmagazine in diesem oder einem ähnlichen Fachbereich herausgeben, können die Synergien auf beiden Seiten gewinnbringend einsetzen« (Deutsche Post o. J., 36).

3.7 Branchen

Kundenzeitschriften gibt es mittlerweile in beinahe allen Wirtschaftsbereichen, in denen der Wettbewerb hart ist. Einige Branchen allerdings sind wesentlich aktiver als andere. Am meisten Bewegung ist seit einigen Jahren in den folgenden Sektoren zu beobachten:

- Finanzdienstleister/Versicherungen
- Automobil
- Touristik
- Energie

Finanzdienstleister und Versicherungen

Banken, Bausparkassen und Versicherer haben stark erklärungsbedürftige Produkte und müssen um jeden Kunden kämpfen. Zwei Gründe, weshalb viele von ihnen mit Kundenzeitschriften den Kontakt zu ihren Zielgruppen halten. Die genaue Zahl der in diesen Branchen aufgelegten Kundenmagazine ist nicht bekannt, aber es dürften einige Hundert sein.

Bei den Bausparkassen haben Kundenzeitschriften schon Tradition. Einige von ihnen, so zum Beispiel Wüstenrot, starteten schon in den Zwanzigerjahren des 20. Jahrhunderts mit einer Publikation nur für die Kunden.

Wüstenrot, Schwäbisch Hall, BHW oder Badenia bieten langlebige und komplexe Produkte an, die sie einerseits erklären müssen und für die sie andererseits Vertrauen gewinnen wollen. Die privaten Bausparkassen haben Millionen Verträge im Bestand. Folglich haben die Magazine der Bausparkassen meist einen überdurchschnittlichen Seitenumfang und eine ebensolche Auflage. In diesem Bereich gibt es zahlreiche Auflagenmillionäre.

Die Hamburger Sparkasse kombinierte ihre Kundenzeitschrift HASPA-MAGAZIN ursprünglich mit einem Club-Konzept. Das Blatt erhielten nur Kunden, die spezielle Kontenverträge geschlossen haben. Diese »Joker-Paket«-Kunden hatten nicht nur ein Konto mit besonderen Serviceleistungen, sondern über das HASPA-MAGAZIN auch Zugang zu Rabatten bei Konzerten, Reisen, Hotels, Zoobesuchen, Freizeitparks und sogar beim Brotkauf. Diesen speziellen Haspa-Kunden sollte mit jeder Ausgabe vermittelt werden, dass sie »etwas Besonderes« sind. Alle drei Monate fanden sie das Blatt in ihrem Briefkasten. Seit einiger Zeit ist die Hamburger Sparkasse aber wieder weg von diesem Elite-Konzept. Inzwischen kann man sich die Haspa-Zeitschrift in jeder Filiale einfach mitnehmen.

Ein anderes Konzept verfolgt DER VERMÖGENSBERATER. Das Anlegerblatt wird im Auftrag der Deutschen Vermögensberatungs AG (DVAG) von der JDB Media AG hergestellt, die es quartalsweise an rund 37.000 selbstständige Vermögensberater in Deutschland verkauft, die es wiederum kostenlos an ihre Kunden (Sparer und Anleger) weitergeben. Außerdem ist der Titel auch am Kiosk erhältlich. Die Auflage wird von der IVW geprüft und lag Ende 2009 bei 900.000 Exemplaren.

Auch die Versicherungsbranche hat schon vor Jahren die Vorteile von Kundenzeitschriften bei der Kundenbindung entdeckt. Die Mitgliederzeitschrift GESUNDHEIT KONKRET (früher BARMER) der Barmer Ersatzkasse erscheint seit über 50 Jahren und wird mittlerweile an über fünf Millionen Mitglieder verschickt. Andere Krankenversicherungen sprechen die verschiedenen Altersgruppen unter den Versicherten mit verschiedenen Magazinen an. Das Beispiel Allgemeine Ortskrankenkassen (AOK). Der Dienstleister wdv produzierte Ende 2008 nach eigenen Angaben für die AOKs über 40 Kundenmagazine für mehr als 18 Millionen Mitglieder.

Bei der AOK werden die Mitglieder von der Jugend bis ins hohe Alter mit regelmäßigen Printmagzinen begleitet. »Die AOK-Magazine sind auf die jeweiligen Lebensphasen ausgerichtet. So wendet sich zum Beispiel BLEIBGESUND LIFE an die Mitglieder ab 25 Jahren, BLEIBGESUND PLUS ab Rentenalter und AOK-c@re an die Zielgruppe zwischen 25 und 40 Jahren«, sagte Michael Kaschel, Geschäftsführer der wdv-Gruppe anlässlich des 60-jährigen Firmenjubiläums im Jahr 2008. Die wdv-Gruppe ist mit den Aufträgen der Ortskrankenkassen zum marktführenden Corporate-Publishing-Dienstleister im deutschsprachigen Raum geworden. 300 Mitarbeiter und ein Netzwerk von 150 Fachredakteuren arbeiten für das Unternehmen.

Automobil

Die Automobilhersteller geben überdurchschnittlich häufig eigene Kundenzeitschriften heraus. »Der Wettbewerb ist knallhart. Die Autohersteller überbieten sich gegenseitig mit Magazinen«, beobachtete das Branchenblatt WERBEN & VERKAUFEN im Jahr 2002 (Diekhof 2002, 54). Der scharfe Verdrängungswettbewerb, der hohe Sättigungsgrad im Automarkt bei zunehmender Austauschbarkeit der Produktqualität machten es auch in der Auto-Branche wichtiger, sich mehr als früher um die Markenloyalität der eigenen Kunden zu kümmern. Die langfristige Kundenbindung wurde wichtiger, um den Erfolg auf Dauer zu sichern. Kundenzeitschriften sollen helfen, den drohenden Wechsel eines Kunden zu einer anderen Marke zu verhindern. Sie tun dies, indem sie ihm regelmäßig ein werthaltiges Magazin in den Briefkasten stecken lassen. So hat der wachsende Wettbewerb nicht nur dazu geführt, dass kaum noch ein Hersteller ohne Kundenzeitschrift auskommt, sondern sich auch positiv auf die Qualität der Magazine ausgewirkt.

Mehr als fünf Millionen Exemplare werden pro Quartal gedruckt mit überdurchschnittlichen Umfängen, in hoher Papier- und Druckqualität und mit anspruchsvollen Texten und Bildern. »Alles in allem sind die Autobauer […] unangefochten die Nummer eins der Kundenmagazin-Branche« (Deutsche Post 1999, 57).

Kundenzeitschriften von Automobilherstellern

Titel	Hersteller	Auflage	Erscheinungsweise
Mercedesmagazin	Mercedes	714.445	quartalsweise
Volkswagen Magazin	Volkswagen	707.180	quartalsweise
BMW Magazin	BMW	500.729	quartalsweise
Audi Magazin	Audi	413.072	quartalsweise
Opel – Das Magazin	Opel	169.589	quartalsweise
Christophorus	Porsche	91.000	zweimonatlich
The Mini International	BMW	60.000	quartalsweise

Quelle: CP Monitor, 18.2.2005

Touristik

Auch in der Tourismusbranche ist die Anzahl der Kundenzeitschriften in den letzten Jahren stetig gestiegen, aber hier ist noch Platz für weitere Gründungen. Das bekannteste Reise- und Touristikmagazin ist das LUFTHANSA MAGAZIN. Das zwölfmal im Jahr erscheinende Magazin ist außerdem eines der ältesten. Als so genanntes Bordmagazin unterhält es die Passagiere der Lufthansa auf Deutsch und auf Englisch mit Reise- und »People«-Themen, zeigt ihnen das Streckennetz und die verschiedenen Flugzeugtypen und hilft beim Verkauf der Duty-Free-Produkte. In den letzten zehn Jahren hat das LUFTHANSA MAGAZIN zwei Zellteilungen vorgenommen. LUFTHANSA EXCLUSIVE hat die vielreisende und sehr gut verdienende Business Class im Visier und LUFTHANSA WOMAN'S WORLD die überdurchschnittlich gut verdienenden Geschäftsfrauen.

Die Magazine der Fluggesellschaften unterscheiden sich in einer Hinsicht ganz wesentlich von anderen Kundenzeitschriften. Sie tun sich leichter beim Verkauf der Anzeigenseiten. In der Regel schalten die Hersteller der Duty-Free-Produkte Inserate, außerdem ist die kaufkräftige Zielgruppe der Flugreisenden insgesamt eine interessante Zielgruppe. Das Gruner + Jahr-Anzeigenmarketing wirbt für diese Zielgruppe mit folgender Aussage:

> »Ob alle Passagiere der Lufthansa oder exklusiv die Top-Kunden der Lufhansa in Deutschland – unsere Magazine erreichen die Menschen, die sich bewegen, um etwas zu bewegen.«

DB MOBIL, die Kundenzeitschrift der Deutschen Bahn, ist ein anderes Beispiel für eine Kundenzeitschrift aus diesem Segment. Wie das LUFTHANSA MAGAZIN wird auch dieses Monatsmagazin von Corporate Editors verantwortet. Das Blatt (Auflage: 500.000 Exemplare) hat sich zu einem lesenswerten Zugbegleiter entwickelt, der mit seinen Interviews, Porträts und Reisegeschichten über so manche Verspätung hinwegtrösten kann.

Die Zeitschrift BUSINESS TRAVELLER (Auflage nach eigenen Angaben: 63.000 Exemplare) gehört zum Typus der Branchen-Kundenzeitschriften. Das Blatt versteht sich als Publikumszeitschrift, die sich an Vielreisende bzw. Geschäftsreisende wendet. Diese finden es in der Regel in den Hotelzimmern von mehreren Hotelketten und können es dort unentgeltlich mitnehmen. Bezahlt werden die Exemplare von den Hotels, die sie vom Herausgeber, der Perry Publications GmbH in München, kaufen. Außerdem erwirtschaftet der Herausgeber Erlöse durch die Aufnahme von Fremdanzeigen.

Energie

Die Energiebranche war schon vor einem Jahrzehnt das Kundenzeitschriften-Segment mit der größten Titelvielfalt (o. A. 2002, 35). Dabei hatten es die deutschen Energieversorger bis Ende der Neunzigerjahre bequem. Es gab keine Konkurrenz im deutschen Strommarkt. Monopole herrschten in den Regionen. Die Folge für die Unternehmenskommunikation Richtung Endverbraucher: »Die Texte ihrer Kundenzeitschriften waren meist langweilig, das Layout einfach und das Papier lappig. Viermal im Jahr schüttete man die Hausflure mit den Zeitungen zu, wo die Magazine einige Tage lagen, bis sie in den Müllcontainer entsorgt wurden,« lästerte die Deutsche Post in ihrem Jahrbuch (Deutsche Post 1999, 66). Seit April 1999 galt aber auch bei Stadtwerken und Stromlieferanten eine neue Zeitrechnung. Die Monopole wurden vom Gesetzgeber aufgehoben, die Konkurrenz unter den Energieversorgern um den Stromkunden begann. Der Markt wird zwar im Wesentlichen von den »Big Playern« E.ON, RWE, EnBW und Vattenfall dominiert, insgesamt sind im deutschen Markt nach Branchenauskunft aber etwa 1.000 Stromlieferanten aktiv. »Alle Stromkunden können sich frei entscheiden zwischen ganz unterschiedlichen Anbietern und Stromprodukten. Große international organisierte Konzerne gehören ebenso zu den Marktteilnehmern wie regionale Energieversorger, Stadtwerke oder reine Ökostrom-Lieferanten«, sagte Eberhard Meller, der Geschäftsführer des Verbandes der Elektrizitätswirtschaft (CP Monitor, 14.6.2007).

Da Strom sich nicht von Strom unterscheidet, egal von wem er kommt, mussten Markenwelten geschaffen werden, um die Kunden zu binden (Deutsche Post 1999, 66). Es scheint fast so, als wenn kein Energieversorger oder Energiedienstleister es sich heute mehr leisten könne, keine Kundenzeitschrift herauszugeben. Die Vielfalt der Blätter ist groß, das Marktsegment ist unübersichtlich. Guido Klinker, der das Corporate Publishing bei der Medienfabrik Gütersloh leitet: »Die Marktdurchdringung nimmt zu, auch kleine Stadtwerke nehmen Publikumsmagazine und Newsletter in ihr Portfolio. Vor allem die großen Häuser bauen ihre Marktkommunikation aus. Die Etats sind bei Agenturen stark nachgefragt, denn die Synergieeffekte sind bei mehreren Titeln entsprechend groß.« So produzieren auch die Gütersloher CP-Dienstleister mehrere Kundenzeitschriften für verschiedene regionale Stadtwerke.

Mit der wachsenden Konkurrenz ist Qualität der Blätter optisch und inhaltlich spürbar gestiegen. »Wir versuchen Magazine in Kioskqualität zu produzieren. Neben der Textqualität durch renommierte Autoren tragen auch kritische Aspekte in den Texten zur Glaubwürdigkeit des Unternehmens bei. Die Zeiten, als ein Kundenmagazin noch eine Verlautbarung der Konzernpressestelle war, sind schon lange vorbei«, sagt Jan Kolbaum, Redaktionsdirektor bei Hoffmann und Campe Corporate Publishing und Chefredakteur von RWE KOMPAKT.

4 Trends

4.1 Kundenzeitschriften mit TV-Programm

Die Auflage der Programmzeitschriften von HÖRZU bis TV MOVIE beträgt 17 Millionen Exemplare pro Ausgabe. Außerdem werden etwa 14 Millionen Exemplare als Supplements (PRISMA, RTV, STERN TV) deutschen Tageszeitungen und dem STERN beigelegt. Nirgendwo gibt es so viele Programmzeitschriften wie in Deutschland. Man sollte also meinen, dass es keine weiteren Programmzeitschriften mehr braucht. Doch mit Beginn des neuen Jahrtausends fingen auch die Kundenzeitschriftenmacher an, Magazine mit einem Führer durch das TV-Programm zu liefern. Ende des Jahres 2003 zählte der Presse-Programm-Service, ein auf die Produktion von Programmlistings spezialisierter Dienstleister in Berlin, bereits zwölf TV-Kundenzeitschriften mit einer Gesamtauflage von knapp 4 Millionen Exemplaren. Anfang 2010 hatte alleine EINKAUF AKTUELL, das von der Deutschen Post wöchentlich vertriebene Magazin, eine Auflage von 17 Millionen Exemplaren!

Den Kaufzeitschriften im Programm-Markt haben die Neulinge bereits Schaden zugefügt, ihre verkaufte Auflage sinkt, aber worin liegt der Vorteil für die Kundenzeitschriften, ihre Seitenumfänge so kräftig zu erhöhen?

Im Wesentlichen versprechen sich die Herausgeber der TV-Kundenzeitschriften drei Vorteile:

- Vorteil 1: Erhöhung der Nutzung

Durch die Beigabe eines kompletten TV-Programms soll die Gebrauchs- und Verweildauer der gesamten Kundenzeitschrift im Haushalt erhöht werden. Man geht davon aus, dass wegen des TV-Programms die Kundenzeitschrift häufiger und länger in die Hand genommen wird. Im Idealfall informieren sich die Nutzer nicht mal nur schnell über das TV-Programm, sondern lesen in der TV-Werbepause auch den einen oder anderen Artikel in der Kundenzeitschrift.

Kundenmagazine mit TV im Überblick

Titel	Auflage	Frequenz	Preis	Bereich
Einkauf Aktuell	17.600.000	wöchentlich	kostenlos	Handel
TV Famila	70.000	14-tägig	0,50 Euro	Handel
Apotheken-Umschau	500.000*	14-tägig	kostenlos	Apotheke
Bäckerblume TV und Rätsel	k.A.	wöchentlich	kostenlos	Handel
Lukullus TV und Rätsel	k.A.	wöchentlich	kostenlos	Handel
TV Gesund & Leben	k.A.	14-tägig	kostenlos	Apotheke
TV Apotheken-spiegel	415.000	14-tägig	kostenlos	Apotheke
Derpart TV	120.000	monatlich	kostenlos	Touristik

Quelle: eigene Recherche
* Bei der Apotheken-Umschau enthält nur eine Teilauflage das TV-Programm.

- Vorteil 2: Verbesserung der Kundenbindung

Wenn sich das in der Kundenzeitschrift abgedruckte TV-Programm in der täglichen Nutzung bewährt hat, wird sich der Kundenzeitschriftenleser darüber freuen. Ein Erlebnis, das positiv auf die herausgebende Firma zurückfällt und die Bindung zum Unternehmen festigt.

- Vorteil 3: Generierung von Neukunden

Eine am Point of Sale ausliegende Kundenzeitschrift ohne Programm wurde bislang möglicherweise liegengelassen, weil Cover und Themen als Mitnahmeanreiz nicht ausreichten. Die Ankündigung eines kostenlosen TV-Programms kann diesen Mitnahmereiz auslösen.

Dass die angesprochenen Verbraucher so reagieren, dafür gibt es eine gewisse Wahrscheinlichkeit, aber keine Garantie. Es besteht latent die Gefahr, dass das Objekt nur wegen des Programmteils mitgenommen und auch nur der Programmteil gelesen wird (Programm Presse Service 2003, Chart 5). Für die erwarteten Vorteile betreiben die TV-Kundenzeitschriften einen gehörigen Aufwand. Im Schnitt werden für den Abdruck der Programmlistings 60 Prozent des Heftumfangs aufgewendet, 40 Prozent verbleiben für die eigentliche Kundenzeitschrift. Das heißt, der Programmteil beansprucht mehr als die Hälfte des zur Verfügung stehenden Platzes.

Anteil TV-Programm am Heftumfang

Titel	Heftumfang	TV-Seiten/Anteil		Mantelseiten/Anteil	
Tchibo	54	22	41%	32	59%
Einkauf Aktuell	10	7	70%	3	30%
Lesen und Geniessen	78	45	57%	33	43%
Vom Besten	80	55	69%	25	31%
Vom Feinsten	80	55	69%	25	31%
TV Karstadt	158	91	58%	67	42%
TV Famila	116	84	72%	32	28%
Apotheken-Umschau	140	64	46%	76	54%
TV Gesund und Leben	82	54,5	66,5%	27,5	33,5%
TV Apothekenspiegel	34	14,5	42,5%	19,5	57,5%
TV Vivere	98	64	65%	34	35%
TV Apotheke	39	28	72%	11	28%

Quelle: Presse Programm Service 2003, Charts 7 und 8

TV passt nicht überall

Der Abdruck des TV-Programms kann nur bedingt als Kundengewinnungs- und Kundenbindungsinstrument auf andere Kundenzeitschriften übertragen werden. Die deutschen Fernsehzuschauer sind es gewohnt, die gedruckten Führer durch die Programmwelt entweder wöchentlich oder vierzehntägig zu bekommen. Weiter im Voraus lässt sich das Programm von über 30 TV-Sendern nicht zuverlässig abbilden. Folglich kommen nur Kundenzeitschriften in Frage, die 26- oder 52-mal im Jahr erscheinen wollen bzw. können. Die übliche Erscheinungsweise deutschsprachiger Kundenzeitschriften liegt hingegen bei 4-mal pro Jahr. Bei Kundenzeitschriften mit eng eingegrenzten Zielgruppen kommt der Abdruck des TV-Programms nicht in Frage, weil er an den Bedürfnissen der Kunden vorbeigeht. Die Leser von BMW-MAGAZIN oder CENTURION (American Express) erwarten in ihrer Kundenzeitschrift bestimmt nicht das komplette Programm von ARD und RTL.

4.2 Corporate Books

Wer sich 2004 einen neuen Sechser-BMW kaufte, hat mit dem Kaufvertrag und noch vor seinem Auto ein ledergebundenes Buch mit dem Titel »Der BMW 6er« überreicht bekommen. Opulente Fotos und von renommierten Auto-Journalisten verfasste Texte sollten dem Kunden die Wartezeit auf sein neues Fahrzeug verkürzen. Mit dem Auto kam dann auch das BMW-Kundenmagazin. Viermal im Jahr fortlaufend. Auf diese Weise wird er, so das Kalkül der Verantwortlichen, von Anfang an erfolgreich an die Marke BMW gebunden. Hinter Buch und Magazin stand die Corporate-Publishing-Abteilung von Hoffmann und Campe. Die Hamburger, die zum Jahreszeiten Verlag gehören (FÜR SIE, MERIAN, PRINZ, DER FEINSCHMECKER usw.), gelten als einer der Marktführer im Segment der Unternehmensbücher. Der Verlag realisierte bereits Bücher für Adidas, BMW, Bulthaupt, RWE und die Hamburger Sparkasse. »Making a Difference« wurde anlässlich des 50. Geburtstags von Adidas im Jahre 1998 herausgegeben. Das Jubiläumsbuch behandelte die Unternehmensgeschichte, die Faszination der Marke mit den drei Streifen und die Begeisterung für den Sport. »Perspektives« ist ein 2004 erschienenes Buch, das von dem Edel-Küchen-Hersteller Bulthaup in Auftrag gegeben wurde. Das Buch setzte sich mit dem Thema Design und Architektur auseinander und ließ Modedesigner wie Giorgio Armani und Jil Sander sowie Architekten wie Tadao Ando und Rem Koolhaas zu Wort kommen. Und 2008 feierte die Hamburger Steakhouse-Kette von Eugen Block das 40-jährige Firmenjubiläum mit einem »Steakbuch«, das zwischen Kochrezepten versteckt Interessantes über das Unternehmen verbreitete.

Bücher von Unternehmen hat es schon immer gegeben. Besonders Jubiläen waren ein gern genutzter Anlass, die Geschichte des Unternehmens zwischen zwei Buchdeckel zu pressen und die Auflage dann an Mitarbeiter und Geschäftspartner zu verschenken. Aber über alle Unternehmen hinweg waren sie eine Rarität und noch seltener Bestandteil einer Kommunikationsstrategie. Kai Laakmann, Geschäftsführer bei Hoffmann und Campe, hingegen sieht Synergien zwischen Kundenmagazin und Kundenbuch. Die Magazin-Redaktion nutzt ausgewählte Fotos und Texte aus dem Buch, gleichzeitig wird es per Kundenmagazin beworben. Im BMW MAGAZIN wird eine Bestellkarte für das Buch »Der BMW 6er« eingeheftet. Das Buch gibt es nämlich auch im Buchhandel, zwar nicht in Leder, aber als Hardcover-Version zu kaufen.

Kundenbücher werden aber nicht nur von Hoffmann und Campe umgesetzt, sondern von immer mehr Dienstleistern der Corporate-Publishing-

Branche. Bei einer Umfrage von Tobias Uffmann im Jahr 2007 gab mehr als ein Viertel der Befragten an, dass sie Corporate Books realisieren würden (siehe Abbildung unten). Seit 2004 werden Kundenbücher auch in den Wettbewerb der besten Unternehmenspublikationen aufgenommen. Der BCP-Award führt Corporate Books seitdem als eigene Kategorie.

Abbildung: Printpublikationen im Corporate Publishing

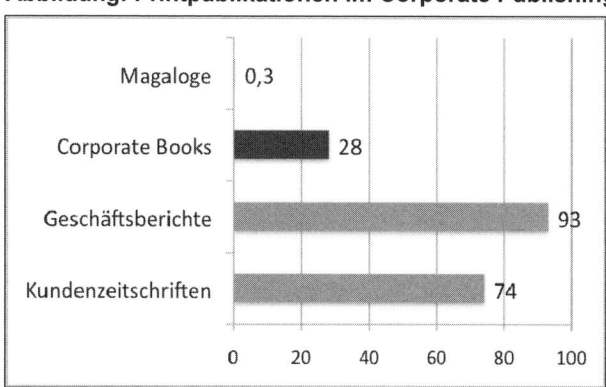

Quelle: Uffmann 2008, 51; Die Abbildung zeigt die Anzahl der Verwendung von Printpublikationen bei den 72 befragten Unternehmen in Prozent.

Die Corporate Publisher versuchen ein Feld zu besetzen, in dem sich die klassischen Buchverlage von Haus aus sehr schwer tun. Kundenbücher müssen in die Kommunikationsstrategie der herausgebenden Unternehmen passen, davon aber verstehen Lektoren in den klassischen Sachbuchverlagen in der Regel nichts. Außerdem müssen sich Kundenbücher zu ihrer Marke bekennen. Je bildhafter, desto besser. Das Buch von Nivea ähnelt deshalb in Aufmachung und Farbe der bekannten Cremedose, das Buch von Klosterfrau-Melissengeist sieht aus wie die Originalflasche. So viel PR ist manchem Buchverlag zu viel.

Dienstleister, die mit dem Kommunikations-Mix des Unternehmens vertraut sind, weil sie schon das Kundenmagazin realisieren, kennen solche Hemmungen nicht.

Die Spielregeln bei der Herstellung eines Kundenmagazins und eines Kundenbuchs sind ähnlich: Einerseits muss die Marke transportiert werden, andererseits sollen die Inhalte glaubwürdig und die Texte journalistisch sein. Die gehäufte Nennung des Firmennamens und allzu plumpe Lobeshymnen will auch in Kundenbüchern niemand lesen.

Mit Büchern versuchen die herausgebenden Unternehmen die Vorteile dieses Mediums in ihre Marketing- und PR-Strategie zu integrieren. Ihre Vorteile: »Bücher werden in der Regel als hochwertig angesehen und mit Sorgfalt behandelt. So sind sie langlebiger als Zeitschriften und damit ideal für die Verwirklichung langfristiger Kommunikationsziele.« (Spitzer-Ewersmann 2003, 76). Der Fahrzeughersteller Audi hat das Corporate Book »R8. Vorsprung durch Technik« aufgelegt. Es ist ausschließlich Käufern des Sportwagens R8 vorbehalten und mit Absicht im Buchhandel nicht erhältlich. Bei der Central-Krankenversicherung in Köln hat man ein Buch produzieren lassen, das das kulturelle Engagement des Unternehmens widerspiegelt. Inhaltlicher Schwerpunkt der aufwändigen Publikation ist die Kunstsammlung des Konzerns. Laut Muehlhausundmoers Corporate Communications, die das Buch in Szene gesetzt haben, soll der Titel »das Engagement der Central als wesentlichen Bestandteil der Unternehmensphilosophie dokumentieren«. Das Medium Buch sei dafür perfekt geeignet (Spitzer-Ewersmann 2003, 76).

Bücher als Sahnehäubchen

Weder Herausgeber noch Dienstleister überschätzen allerdings die Wirkung der Kundenbücher für den Erfolg der Kundenkommunikation. Sie werten bestehende Marken auf und verstärken die kundenbindende Wirkung bereits bestehender Kundenmagazine, aber sie sind nur »ein schönes Sahnehäubchen« (Schmitz 2003, 78). Thomas Schmitz, Geschäftsführer des Corporate-Publishing-Dienstleisters schmitz-komm.de Medien, warnt seine Branchen-Kollegen und die Herausgeber vor zu viel Euphorie beim Thema Corporate Books. Er bezweifelt ihre Wirkung bei der Absatzförderung: »Corporate Books haben keinen markanten Einfluss auf den Erfolg der Unternehmenskommunikation. Sie sind kein Massenmedium. Es ist wie bei dem Werbespot, der zehnmal jeweils mittwochs um 19.57 Uhr kurz vor der Tagesschau läuft und der via firmeneigenes Intranet angekündigt wird. Am nächsten Morgen ist die Führungsriege stolz wie Harry, aber draußen wird nichts passieren. Corporate Books sind ein Luxus, den sich nur wenige Unternehmen leisten können« (Schmitz 2003, 78). Und Schmitz glaubt auch, dass sich der finanzielle Aufwand nicht lohnt, weil er die Lesebereitschaft der Zielgruppe anzweifelt:

> »Sicher. Bücher haben etwas Nachhaltiges, Seriöses, sie strahlen Vertrauen und Kompetenz aus. Nur: Wer liest denn heute noch Bücher, und wenn ja, welche und wo? Corporate Books sind etwas für Fans, für Süchtige und Spezialisten« (Schmitz 2003, 78).

4.3 Crossmedia und Internet

Überall, wo in den letzten Jahren Menschen aufeinander trafen, die mit Kommunikation ihren Lebensunterhalt bestreiten, wurde irgendwann einmal auch über Crossmedia geredet. Und fast jeder meinte etwas anderes, wenn er den Begriff im Munde führte. Für die meisten meint Crossmedia häufig die Tatsache, dass das eigene Medium (Zeitung, Zeitschrift, Fernsehsender, Hörfunksender) auch noch im Internet vertreten ist. Diese Frage konnten die meisten Macher und Herausgeber von Kundenzeitschriften schon bald nach der Durchsetzung des Internets mit Ja beantworten. Im Jahr 2000 verfügten 77 Prozent der Kundenzeitschriften bereits auch über einen Internetauftritt. Dabei stellten viele die Kundenzeitschrift einfach eins zu eins oder in gekürzter Form online. Erst 6 Prozent hatten für das Internet eine besondere Version ihrer Kundenzeitschrift entwickelt.

Zehn Jahre später setzen 99 Prozent der Unternehmen gedruckte Corporate-Publishing-Werkzeuge ein (Kundenzeitschriften, Newsletter). 79 Prozent verwenden auch digitale Kommunikationstools (Uffmann 2008, 50). Neben der tonangebenden Zeitschrift gibt es E-Journale, Mail-Newsletter, Podcasts, Blogs, Videoplattformen und vereinzelt auch schon Handy-Radio oder Mobizines. Letztere sind auf das Handy zugeschnittene Medienformate mit farbigen Text- und Bildnachrichten. Sieben von zehn Unternehmen sagen, dass beim Corporate Publishing Crossmedia-Konzepte wichtiger werden (EICP 2008, o.S.).

Hinter dem Begriff Crossmedia verbirgt sich wesentlich mehr als die Veröffentlichung der eigenen Kundenzeitschrift im World Wide Web. Genau genommen zielt der Ausdruck auf eine technische Verknüpfung im Herstellungsverfahren. Texte und Bilder werden einmal digital gespeichert und können bei Crossmedia nicht nur für Printprodukte (Kundenmagazine, Mitarbeiterzeitschriften, Bücher, Broschüren, Newsletter, Geschäftsberichte, Magaloge und Kataloge) verwendet werden, sondern auch für andere Medien wie E-Mail-Newsletter, Internetportale, Intranet, Corporate-TV und Handy-Radio. Bis zum heutigen Tage verursachen Kommunikationsabteilungen überflüssige Kosten, weil Texte mehrfach erfasst, Bilder für jeden Einsatz neu gescannt und Layouts neu gestaltet werden. Das ist nicht mehr nötig, wenn der Content (Inhalt) digitalisiert wird. Folglich hat Crossmedia Rationalisierungspotenzial: »Ziel ist es, wieder verwendbare Informationsbestände aufzubauen und die beim Erstellen von Publikationen anfallenden aufwändigen Arbeitsschritte zu automatisieren.

Trends

Kundenzeitschriften im Internet

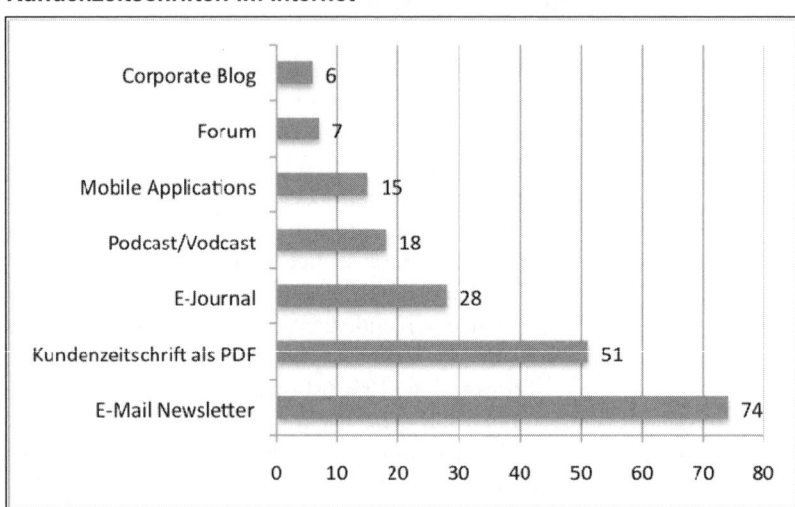

Quelle: Uffmann 2008, 51; Die Abbildung zeigt die Anzahl der Verwendung von Online-Tools bei den 72 befragten Unternehmen in Prozent.

Das Kernkonzept ist eine quasi medienneutrale Datenhaltung. Solche Datenbanken speichern Informationen in Form von Texten, Bildern, Grafiken, Audiodateien oder Videoclips ohne Abhängigkeit vom jeweiligen Medium und erleichtern das Wiederauffinden« (Stelzer 2000, 59).

Integrierte Kommunikation

Wo der Begriff Crossmedia fällt, ist oft auch ein anderes Schlagwort nicht weit: Integrierte Kommunikation. Die Kommunikation von Unternehmen soll zweckmäßigerweise aus einem Guss sein. Der Internetauftritt soll zur Werbekampagne passen, die Werbekampagne zum Messeauftritt und der Messeauftritt zum Kundenmagazin. Nur wenn alle Kommunikationsmittel eines Unternehmens aufeinander abgestimmt sind, hat die interne und externe Kommunikation Chancen auf Erfolg. Das klingt logisch, wird aber in den Unternehmen häufig nicht umgesetzt. Thomas Schmitz beschreibt seine Erfahrungen:

> »Gewachsene Unternehmensstrukturen, die aus wirtschaftlichen Gründen notwendige Schaffung von so genannten ›Profit-Centern‹, haben in der Vergangenheit dazu geführt, dass die wirtschaftliche

Verantwortung für Teilbereiche in Unternehmen (Marketing, Fachabteilungen, Vertrieb, Presse, Unternehmenskommunikation, Internet-Unit etc.) integrierte kommunikative Lösungen verhindern.

Jeder Unternehmensbereich verfügt meist über einen Etat, der für die eigenen Zwecke eingesetzt wird. In der Praxis bedeutet das, dass der Vertrieb sich Produktfolder erstellen lässt, wenn gleichzeitig im Marketing Produktbroschüren angeschoben werden. Die Mitarbeiterzeitung liegt weiterhin in Oberhoheit von Betriebsrat oder Personalabteilung; um den Newsletter kümmern sich die jeweiligen Fachabteilungen; den Internetauftritt verantwortet die Internet-Unit.

Im schlimmsten Fall werden Informationen zu Produkten oder Dienstleistungen an mehreren Stellen erstellt. Für das Produkt ›Bausparvertrag‹ kann das zum Beispiel bedeuten: Werbetexter schreiben aus der Werbeagentur, weitere Texter aus der PR-Agentur, die Internet-Unit leistet sich ebenfalls einen Texter und dann wird das Thema Bausparvertrag auch noch in der nächsten Ausgabe des Kundenmagazins behandelt und von einem Redakteur aufbereitet. Hier wird für eine Thematik viermal Texthonorar eingesetzt, mindestens dreimal zu viel. Das gleiche gilt für den Bildeinkauf, für das Verwalten von Kundendaten etc.« (Schmitz 2004, 12).

Schmitz empfiehlt den Unternehmen die Schaffung zentraler Kommunikationsplattformen, um die Ansprache der Zielgruppen zu vereinheitlichen und um Kosten zu sparen. Nur so könnten sie sich vom Wettbewerb differenzieren und im dichten Markt der Werbebotschaften wahrgenommen werden. Als zentralen externen Dienstleister, der die kommunikative Führung übernimmt, kann sich der CP-Lobbyist generell die CP-Dienstleister vorstellen: »Sie besitzen das Potenzial für den ›Content-Lead(er)‹«.

In das gleiche Horn blies der Landshuter Marketing-Professor Peter Winkelmann bei den Münchner Medientagen im Oktober 2001. Winkelmann plädierte dafür, im Rahmen des Customer Relationship Management (CRM) alle kommunikativen Unternehmens- und Produktbotschaften mit der vertrieblichen Kundenbetreuung zu harmonisieren. Im Rahmen der von ihm als Customer Relationship Communication (CRC) bezeichneten Strategie sei es erforderlich, Relationship Marketing, Permission Marketing, Crossmedia und Integrierte Kommunikation zu verbinden. Auch Winkelmann sieht auf diesem Gebiet große Chancen für die Dienstleister der Corporate-Publishing-Branche. Die Fokussierung auf ein einzelnes Medium, zum Beispiel eine Kundenzeitschrift, hält er für nicht mehr zeitgemäß. Die Internet-Medien müssten im Rahmen von Crossmedia integriert werden. Vorbildlich agieren nach dieser Maßgabe die AOK-Baden-Württemberg und die AOK-Westfalen-Lippe. Mit AOK-C@RE hat die Krankenkasse ein crossmediales Kundenprojekt initiiert, das bereits mit mehreren Preisen – unter anderem für das beste integrierte Kommunikationskonzept – der Branche ausgezeichnet worden ist. Das von wdv Gesellschaft für Medien und Kommunikation produzierte B2Cc-Gesundheitsmagazin besteht aus einer zweimal jährlich erscheinenden Printversion (AOK-C@RE), dem dazugehörigen Internetauftritt (www.aok-care.de), einem Online-Newsletter und einem Community Blog. Der Internetauftritt ist personalisiert und baut auf der Datenbank der AOK auf. Nach einer ersten Registrierung, bei der ein kleiner Fragenkatalog zu den eigenen Interessen beantwortet werden muss, werden die Nutzer persönlich angesprochen und können sich ihre Informationen aus den Bereichen Gesundheit, Fitness und Wellness individuell zusammenstellen. Zielgruppe des crossmedialen Angebots sind 25- bis 35-Jährige. Um diese trendbewusste Zielgruppe adäquat zu bedienen, war es dem Marketingleiter der AOK-Württemberg, Ortwin Schierle, vor allem wichtig, das Internet in das Angebot zu integrieren. Nicht nur aus Prinzip, sondern mit echtem Zusatznutzen.

> »›Appetit macht bei uns das Print-Magazin mit seinen schönen Geschichten und attraktiven Fotos‹ erklärt Schierle sein Konzept der crossmedialen Vernetzung. Seinen Hunger nach mehr stillt der Leser dann jedoch im Netz, wo ihm maßgeschneiderte Details und Zusatzinfos geliefert werden.« (Spies 2002)

Kundenzeitschrift als Leitmedium

Weil die Argumentation der crossmedialen Vernetzung in Zeiten der Medienvielfalt dennoch schlüssig und ohne Alternative ist und die CP-Branche weiter wachsen will, wird die branchenöffentliche Diskussion zu den Themen Crossmedia und Integrierte Kommunikation entsprechend vorangetrieben. Viele CP-Dienstleister haben diese Entwicklung bereits erkannt und realisieren neben ihren Kundenmagazinen auch die Internet- und Intranet-Plattformen ihrer Kunden. Andere entwickeln außerdem Multimedia-Anwendungen und starten Aktivitäten im Bereich Unternehmensfernsehen. Den Kundenzeitschriften kommt im Rahmen aller Konzepte die tragende Rolle zu (vgl. Uffmann 2008, 63). Sie bringen gute Voraussetzungen mit, im Konzert der Unternehmensbotschaften den führenden Ton anzugeben, denn die Kundenzeitschrift kann Botschaften besser als andere Medien so verpacken und transportieren, dass der Empfänger sie als überzeugend und glaubhaft empfindet.

4.4 Couponing

Der Wegfall des Rabattgesetzes und der Zugabeverordnung im Jahre 2001 haben in Deutschland möglich gemacht, was in anderen Staaten, zum Beispiel den USA, schon lange alltäglich ist. Mit Gutscheinaktionen versuchen zahlreiche Unternehmen, den Absatz ihrer Produkte zu fördern. Das funktioniert zum Beispiel so: Eine Drogeriekette verteilt per Hauswurfsendung Gutscheine in einer bestimmten Region. Wer den Gutschein dann in einer Filiale des Drogerie-Unternehmens einlöst, erhält einen spürbaren Preisnachlass auf beispielsweise ein Haarshampoo. Damit sollen Neukunden gewonnen, Altkunden gehalten und der Absatz stimuliert werden.

Nach der Lockerung des Rabattgesetzes verdoppelt sich nach Ansicht von Marktbeobachtern die Zahl der ausgegebenen Coupons von Jahr zu Jahr. 2006 sollen es zwei Milliarden, 2008 sieben Milliarden gewesen sein.

Von diesem Wachstumsmarkt wollen auch die Kundenzeitschriften profitieren. Ihr Vorteil ist die präzise Ausrichtung auf ihnen bekannte Zielgruppen. Da der Erfolg von Couponing-Aktionen mit der Einlösequote steht und fällt, legen Hersteller und Händler immer mehr Wert auf eine klare Zielgruppenorientierung bei ihren Gutschein-Aktionen (zum Thema »Couponing« siehe auch noch das nächste Unterkapitel »Absatzförderung«).

Eine der ersten Couponing-Aktionen führte METROPOLE, das Kundenmagazin des Norddeutschen Energieversorgers HEW, im Jahr 2002 durch. Das an 870.000 Hamburger Haushalte verteilte Magazin versprach seinen Lesern bereits auf einer Cover-Banderole: »441 Euros für Sie«. Auf Seite 3 des Blattes wurden die Leser auf ihre Rabattmöglichkeiten als HEW-Paycard-Inhaber hingewiesen. Für diese gab es von verschiedenen HEW-Kooperationspartnern Coupons, die bei jedem Einkauf auf dem Card-Konto gutgeschrieben werden konnten. Die Gutscheine mit Preisvorteilen in Höhe von 441 Euro befanden sich im hinteren Teil des Heftes. Sie enthielten auf der Rückseite die Kundendaten in codierter Form. Der Leser trennte die perforierten Coupons aus dem Heft heraus, ließ sie beim Einkauf abstempeln und schickte sie dann gesammelt an ein Servicecenter, das ihm die entsprechenden Euros auf seiner Kundenkarte gutschrieb. Die Bandbreite der so zu erzielenden Nachlässe reichte von einem Euro beim Kauf eines Brotes in der Back-Kette »Dat Backhus« bis hin zu 55 Euro Nachlass beim Kauf einer AEG-Waschmaschine im Media Markt.

Das Modell scheint allerdings nur begrenzt funktioniert zu haben, weil die HEW es nicht in der beschriebenen Form fortführte.

Gutscheine gezielt verteilen

Ein anderes Beispiel für eine Couponing-Aktion im Kundenzeitschriftenbereich liefert die deutsche Procter & Gamble GmbH seit dem Frühjahr 2004. Während der Konzern selbst in der Öffentlichkeit fast unbekannt ist, kennt seine Produkte nahezu jeder (u.a. Tempo, Pampers, Hugo Boss, Punica, Meister Propper). Seit Februar 2004 finden zwischen drei und fünf Millionen ausgewählte konsumstarke Haushalte zwei- bis dreimal jährlich das Kundenmagazin FOR ME in ihren Briefkästen. Themenschwerpunkte des Blattes sind die Bereiche, für die Procter & Gamble-Produkte in der Öffentlichkeit stehen: Körperpflege, Ernährung, Haushalt und Gesundheit. Im Mittelpunkt des Magazins aber stehen Coupons für Procter & Gamble-Produkte, die bei zahlreichen Lebensmittelhändlern und Drogeriemärkten eingelöst werden konnten. Je nach Produkt wurden Nachlässe zwischen 50 Cent und 2 Euro gewährt. Mit dem Erfolg ist Procter & Gamble zufrieden. Im Februar 2010 erschien die zwanzigste Ausgabe von FOR ME. Die Coupon-Einlösequote beträgt rund 45 Prozent. Nach Ansicht einiger Couponing-Spezialisten ist der von Procter & Gamble gewählte Weg der einzig sinnvolle. Es mache wenig Sinn, so Holger Kuhfuß, Mit-Herausgeber eines Handbuchs für Couponing, Gutscheine in großen Mengen wahllos zu verteilen. Die Scheine müssten gezielt und ohne Streuverluste eingesetzt werden. Eine breite Streuung von Coupons, zum Beispiel über Tageszeitungen, funktioniere in der Regel nicht. Sie fördere lediglich die Schnäppchenjäger-Mentalität, heize den Preiskrieg an und führe zu Wirkungsverlusten durch einen schnell erreichten Me-too-Zustand, stellt Dirk Ploss fest, Geschäftsführer von Loyalty Management + Communications in Hamburg. So kommen die Kundenzeitschriften ins Spiel. Ihre Vorteile: interessierte Leser, wenig Streuverluste. Jochen Hahn, ein weiterer Couponing-Fachmann von der Agentur Argonauten 360 Grad empfiehlt Gutscheinaktionen dort, wo man seine Kunden gut kennt. Und er sieht Vorteile für Kundenzeitschriften und Herausgeber: »Die Kundenmagazine werden aufgewertet, ihr Nutzen erhöht sich, ihr Informationscharakter wird abgerundet – und der Leser hat ein weiteres Benefit, das er positiv mit den Marken verbindet.«

Couponing-Vorteile für das herausgebende Unternehmen:

- Couponing per Kundenmagazin erreicht Leser und Kunden ohne Streuverluste.
- Couponing unterstützt den Vertrieb und bringt so dem Kundenmagazin einen wichtigen Wirkungsnachweis.
- Es stärkt den Markenwert statt ihn – wie mit Rabattaktionen – in eine Abwärtsspirale zu bringen.
- Es signalisiert Servicebereitschaft mit einem konkreten Angebot für den Leser und Kunden.
- Es bindet Leser und Kunden an das Kundenmagazin und schafft die Basis für eine starke Kundenbindung.
- Die Auswertung führt zu wertvollen Erkenntnissen über Wünsche und Interessen der Kundschaft und spart Investitionen in eine Marktforschung (zitiert nach Dahlem 2009, 2).

4.5 Absatzförderung

Viele Corporate Publisher sehen nicht nur im Couponing, sondern in der Absatzförderung schlechthin eine wachsende Chance journalistisch gemachter Kundenmedien. Im folgenden Kapitel beschreibt Stefan Endrös, Co-Autor des vorliegenden Buches, gleichzeitig aber auch Geschäftsführer und Inhaber des CP-Dienstleisters Journal International in München, warum journalistische Kommunikation in Kundenzeitschriften die ideale Verkaufsstimulation ist.

Kundenzeitschriften transportieren Mehrwert

Ohne Medien geht gar nichts: Jedes Markenunternehmen, jede Marke bedarf zu ihrer Kommunikation der Medien. Die Medien, egal ob Print oder elektronisch, transportieren die Stories der Marke und/oder des Unternehmens, vermitteln sie und schaffen so das Markenbild. Zum Storytelling, zum Erzählen der Markeninhalte, nutzen sie ebenso Public Relations wie Anzeigen bzw. TV-Spots. Die Medien transportieren diese Botschaften zum Leser/Kunden. Insofern sind es die Medien, die Marken und deren Produkte wesentlich zum Kunden bringen und Werbekommunikation ermöglichen.

Medien transportieren Marken- und Marketinginhalte

Das höchste Gut der Medien ist deren *Glaubwürdigkeit*. Die Glaubwürdigkeit hilft, Inhalte stimmig an den Leser/Kunden zu vermitteln und gleichzeitig ein sinnvolles Umfeld für Werbeanzeigen und Radio- oder TV-Spots zu schaffen. Dieses Werbumfeld ist seit Jahren etabliert.

- Glaubwürdigkeit als höchstes Gut
- Kompetenz in den Inhalten
- Hilfestellung und Beratung in der Meinungsbildung

Auf diese Weise haben sich die Medien eine Schlüsselrolle in der Werbekommunikation erkämpft. In Fernsehsendern und Radiostationen, in Tageszeitungen wie Zeitschriften bringen sie die Botschaften der Marketingabteilungen »unter's Volk«.

> **These 1**
> Medien sind der Schlüssel zum Einsatz moderner, effektiver Marketing-Maßnahmen. Sie transportieren die Inhalte zum Kunden (=Leser) einerseits über den redaktionellen Teil, andererseits auch in Print-Anzeigen, in TV-/Radio-Spots oder Online-Schaltungen.
>   Marken-Marketing ist deshalb unzertrennlich mit dem Einsatz von Medien verbunden, die mit inhaltlicher Kompetenz und Glaubwürdigkeit den Lesern meinungsbildend zur Seite stehen und so als Rat- und Emotionsgeber fungieren.

Das optimierte Zusammenspiel von Medien und Marketing ist deshalb die Basis für die moderne Kunden- und Verkaufskommunikation. Die Optimierung erfolgt durch die Wahl der richtigen Medien für die richtigen Zielgruppen einerseits, sowie durch die optimale Kombination der Medien mit den entsprechenden Marketing-Mitteln andererseits – von den Unternehmens- und Marketing-Medien angefangen über ergänzend eingesetzte Verkaufsförderungs-Tools wie Gewinnspiele, spezielle Angebote bis hin zu Coupons.

Glaubwürdigkeit bringt Partnerschaft

Entscheidend für den Einsatz und die Positionierung moderner Kommunikationsmedien ist deren guter Zugang zum Leser (= Kunde). Das Medium nähert sich auf positive Weise – als Partner und Informant. Diese Form des Zugangs unterscheidet sich wesentlich von allen direkten, unmittelbaren »Werbe-Attacken« auf die Kunden. In den Medien wird der Leser umsorgt, informiert, inspiriert, emotionalisiert, beraten. Der Leser wird nicht frontal angesprochen, sondern partnerschaftlich von der Seite: Und in diesem positiv medialen Umfeld wird dieser partnerschaftliche Zugang auch auf die Werbebotschaften übertragen.

Die Vorteile der Medienkommunikation für Werbeziele sind deshalb eindeutig:

- partnerschaftliche Leseransprache durch die Medien
- Einbindung der Partnerschaft auf die Werbeinhalte
- Symbiose beider Kommunikationszwecke im Dienst des Lesers

Medien sind deshalb einer der besten Ansatzpunkte für modernes »Permission Marketing«. Der Kunde wird gefragt, was ihn interessiert. Er wird um Erlaubnis gefragt, welche Informationen und Botschaften er erhalten möchte. Und er bekommt dieses freiwillige Informationsangebot regelmäßig und periodisch immer wieder angeliefert, um immer wieder aufs Neue zu entscheiden, was für ihn interessant wirkt.

- Genau diese partnerschaftliche Zwiesprache ist die klassische Funktion von Medien egal welcher Art, Form und Couleur – und daher die ideale Ausgangsbasis für Marketing.

Zeitschriften, Zeitungen, Magazine oder Informationsblätter, in Print oder elektronisch, sind deshalb nicht *ein* Baustein in der glaubwürdigen Marken- und Marketing-Kommunikation, sondern letztlich deren entscheidender Grundstein. Sie bauen erst die Beziehung in der Kommunikation auf, die das Fragen ermöglicht: Welche Interessen hat der Leser/Kunde, welche Informationen wünscht er, welchen Mehrwert erwartet er, welche zukünftigen Geschäftsbeziehungen plant er? Und so wird aus der eindimensionalen Medienkommunikation auf einmal eine optimierte, auf Freiwilligkeit basierende Unternehmenskommunikation.

Marken nehmen »ihre« Medien selbst in die Hand

Die logische Konsequenz: Medien sind ein immer wichtiger werdendes Grundelement im innovativen Kommunikations- und Marketing-Mix moderner, innovativer Unternehmenskommunikation. Deshalb setzen immer mehr Unternehmen eigene Medien online wie offline für ihre Kommunikation ein, statt sich an fremde Medien anzuhängen. Gerade mal rund zehn Worte stehen in einem teuren TV-Spot oder in der Print-Anzeige für die Markenkommunikation zur Verfügung, höchstens 100 Worte in einem

Mailing. In einem modernen Marketing-Medium aber findet man tausendfache Möglichkeiten, die aktuellen Kommunikationsziele effektiv voranzutreiben: Storys, Informationen, Interviews, Produkt-Vorteile, Unternehmens-Meldungen, Mehrwert. Das Unternehmens- und Marketingmagazin gilt deshalb zurzeit als eine der beliebtesten und erfolgreichsten Möglichkeiten zur Pflege der Partner- und Kundenbeziehungen.

Dieser Plattform-Gedanke für ein modernes Corporate- und Marketingmagazin ermöglicht ein ganz anderes Herangehen an das Medium. Es ist kein in sich geschlossenes Marketingmittel neben vielen anderen. Es ist vielmehr im besten Fall eine Dreh- und Angelscheibe für eine ganze Phalanx an effektiven Kommunikationsmitteln, eine Schalt- bzw. Relais-Station zwischen dem Kunden und dem Unternehmensmarketing.

Schon die Fugger wussten, wie es geht: Bei einem erfolgreichen Unternehmensmagazin muss der konkrete Sellingeffekt im Vordergrund stehen. Gemäß dem Leitsatz »Der Kauf ist nicht das Ende der Kundenbeziehung – es ist der Anfang« wird die Kundenbindung durch ein regelmäßig erscheinendes Magazin erhöht. Und erhöhte Kundenbindung hat einen positiven Einfluss auf ökonomische Zielgrößen wie Umsatz und Profit. Darüber sind sich Wissenschaft und Praxis längst einig.

Corporate- und Marketing-Medien nutzen die Gattung Medien bewusst im Dienste eines Unternehmens oder als aktives Mittel im Rahmen des Gesamt-Marketings. Sie transportieren Marketing-Inhalte in einer anderen Sprache und in einer eigenständigen Form. Und sie sind aufgrund der eingangs dargestellten Glaubwürdigkeit bei entsprechender Qualität und Umsetzung für diese Zwecke ein ideales Transportmittel.

Die Vorteile eines Marketingmagazins gegenüber Foldern, Broschüren und Direct Mails liegen auf der Hand: Kaum ein Medium lässt sich genauer beim Adressaten platzieren als ein partnerschaftlich agierendes Magazin. In regelmäßigen Abständen können auf diese Weise Unternehmen und Produkte direkt und indirekt beim Kunden präsentiert werden. Der Leser setzt sich mit den Heftinhalten intensiv auseinander, wird zum Kauf angeregt beziehungsweise in seiner Kaufentscheidung bestärkt. Das Ergebnis ist eine komplexe Käufer-Leser-Unternehmensbeziehung mit messbaren Umsatzergebnissen.

Journalistischer Content fungiert als Kunden-Stimulierung

Warum und wie stimuliert nun die Kommunikation via Marketing-Medien die Kunden besonders? Entscheidend ist die inhaltliche Kompetenz. Produkte wie Unternehmen leben von der Ausstrahlung ihrer »Marke«. Diese

Marke wird geprägt durch die Corporate Identity. Die Corporate Identity aber muss vermittelt werden. Und diese Vermittlung funktioniert in besonderem Maße durch Corporate Publishing. Denn Publishing ist nichts anderes als das Erzählen und Veröffentlichen der Geschichten, die sich rund um die Marke ranken. Storytelling als wesentlicher Bestandteil der Markenkommunikation findet sich deshalb in den Unternehmensmedien als primäre Grundlage. Schließlich lebt eine Produkt- wie Dienstleistungs-Marke von der Vielzahl an spannenden »Erlebnissen« und Infos, die mit ihr verbunden werden und sich in der Gesellschaft wie im Kopf des Einzelnen zu einem »Charakter« verdichten.

Spielentscheidend für die erfolgreiche Medien-Kommunikation ist aber, dass die Storys weit über diese Grundinformation hinaus reichen und reichen müssen: Denn die Kunden interessieren sich sehr für »ihre« Marken-Wurst oder Margarine, die sie jeden Tag essen, für ihr Spülmittel, das sie jeden Tag benutzen oder ihr Haar-Shampoo und Parfum, ebenso wie für ihre Automarke oder die HiFi-Anlage, auf die sie bei jeder CD aufs Neue stolz sind. Die Geschichten, die sich um Wurst, Margarine, Spülmittel, Haar-Shampoo, Parfum, Auto oder HiFi-Gerät drehen, sind für den Kunden von nachweislich hohem Interesse: Hintergrund-Storys und Tipps, Nutzungs-Beratung und Randbemerkungen, Historie und Perspektiven. Je mehr er hier erfährt, desto eher ist er bereit, sich an die Marke bzw. Dienstleistung zu binden und bei der Marke bzw. Dienstleistung zu bleiben.

Das Storytelling setzt sich aus folgenden journalistisch-redaktionellen Elementen zusammen:

- Informationsvermittlung (Legenden, Historie, Personalities, Hintergründe, Perspektiven, Visionen)
- Emotionsvermittlung (Fotos, optische Impressionen, grafische Faszination, visuelle Darstellung)
- Beratung und Service (Tipps, Kompetenz, Expertentum, Interviews, Kolumnen)

Die Erkenntnis über diese eindeutige Bereitschaft und Interessenslage der Kunden zur Kommunikation mit den Unternehmen bzw. deren Produkten und Angeboten wurde in diversen Fokusgruppen exakt abgeklopft und untersucht. Jedesmal hat sich gleichermaßen herausgestellt, dass das Informationsbedürfnis über die Produkte und Unternehmen ausgeprägt hoch ist. Werbung vermittelt hier ausschließlich Botschaften; insofern gibt es ein hohes Bedürfnis nach mehr: mehr Informationen, Berichte, Hintergründe.

Die journalistische Vermittlung stellt sich also als Partner an die Seite des Kunden. Und diesem »Partner« ist es jetzt auch erlaubt, mit Dialog- und Response-Aktionen nicht nur das kommunikative »Netz« auszuwerfen, sondern auch mit konkreten Angeboten, Kunden-Specials, Aktionen und Vorteilen »den Fisch« ins Boot zu holen. Vorausgesetzt, er hat durch die Faszination der Zeitschrift auch brav um Erlaubnis gefragt.

> **These 2**
> Produkt- und Dienstleistungs-Marken leben von den »Geschichten«, die sich im Kopf des Kunden zu einer faszinierenden Einheit verdichten – und so ihren Marken-Charakter gewinnen.
> Geschichten-Erzählen ist das ureigenste Terrain der Medien – Print- wie elektronischer Medien. In Corporate- und Marketing-Medien werden die Geschichten über die Marken-Charakteristika auch auf die Produkte und Angebote der Unternehmen ausgedehnt.
> Marktforschung hat nachweislich ergeben, dass die Kunden ein hohes Interesse an diesen Themen und Inhalten haben und die Kommunikation hier freiwillig anstreben.

Partnerschaft erlaubt effektive Marketingmaßnahmen

Die Effizienz der Corporate- und Marketing-Medien ist nicht nach einem Grund-Parameter messbar. Es fehlen dafür vergleichbare Zahlen, Fakten und Ergebnisse. Dennoch lässt sich die Wirkung bei jeder einzelnen Fallstudie und in jedem Vergleichstest immer wieder aufs Neue darlegen. Diese Studien erstellen die Unternehmen, die die entsprechenden Medien heraus geben, für eigene Zwecke als eigene Marktforschung. Diese Studien bleiben jedoch stets als »Interna« unter Verschluss. Im Überblick gibt es jedoch für jedes Fallbeispiel nachvollziehbare und eindeutige Erkenntnisse:

- Beauty-CRM: Ein spezielles »Best-Customer«-Programm im Bereich Beauty und Food untersuchte bundesweit die Wirkung, die ein Komplett-Betreuungsprogramm der besten Kunden mittels einer Zeitschrift in Kombination mit den entsprechenden Begleitmaßnahmen erreichen kann. Hier wurde unter anderem anhand eines Testmarkts erprobt, ob die Kunden durch die Mehrwert-Kommunikation zu Umsatzplus zu aktivieren sind. Festgestellt wurde: Umsatzsteigerungen von durchschnittlich 30 Prozent deckten die Kosten bei weitem. Response-Anforderungen und Coupons erreichten Werte von 22 Prozent der Kunden-Adressen. Teilweise wurde das Programm ergänzt durch im Handel vom Kunden einzusetzende Strichcode-Coupons und Postkarten mit Werten von bis zu 25 Prozent Ermäßigung bei Produkt-Kauf per Coupon pro Kunde.

- Weinhandel: Bei der Magazin-Einführung wurden die Kundenkarten-Besitzer im »Feldversuch« in zwei Gruppen aufgeteilt. Part I erhielt einen Mailing-Newsletter mit Preisvorteilen. Part II erhielt ein umfangreiches Reportage-Magazin inkl. aktiver Response-Elemente. Der konkrete Abverkauf im Vergleich der beiden Gruppen wurde mit einem Mehrumsatz von über 30 Prozent zugunsten der Magazin-Nutzer entschieden. Weine, die im Rahmen einer Reportage (Weingut/Winzer etc.) angeboten wurden, wurden mit bis zu 80 Prozent besser verkauft (Sie waren zum Teil ausverkauft).
- Finanzdienstleistung: Mit dem Stichtag der Einführung des Karten-Magazins stieg der Umsatz auf die Karte generell um 30 Prozent im Vergleich zu den Card-Members, die zuvor einen Newsletter bekommen hatten. Die Nutzung der Karte für die in den einzelnen Magazin-Ausgaben dargestellten Produkte und Dienstleistungen (Reisen, Flüge, Produkte) stieg um bis zu 50 Prozent.
- Warenhaus: Das Magazin kombinierte aktuelle Informationen mit ausgewählten Produktinformationen mit dem Ziel, den Umsatz zu steigern und den Abverkauf durch relevante Kundenansprache zu fördern. Jeder Bericht beinhaltet sowohl redaktionelle Umsetzung wie auch konkrete Produkt-Tipps inkl. Preisangabe. Mit korrespondierenden Coupons wird der Verkauf bestimmter Produkte unmittelbar initiiert.
- Filialhandel: Die in den wöchentlichen Magazin-Ausgaben angebotenen Produkte trieben den Umsatz innerhalb eines Jahres um mehrere Millionen Euro nach oben. Die Kombination des journalistischen Magazins mit Produkt-Darstellungen steigerte den Abverkauf für die einzelnen Produkte entscheidend. Redaktion verknüpfte sich mit Produkt-Katalog und wurde zu einer für den Kunden nachvollziehbaren Einheit.
- Drogerie: Das Magazin diente ein Jahrzehnt lang als entscheidendes Kommunikationsmittel, um die Positionierung der Filialkette als serviceorientiertes Unternehmen zu vermitteln. Die erzielten Response-Werte auf Gewinnaktionen, Rätsel und Mitmach-Aktionen von durchschnittlichen 10 Prozent der verbreiteten Auflage (bis zu 1 Million.) unterstrichen die hohe kommunikative Ausstrahlung des Magazins.

Der Münchner Spezial-CP-Verlag Journal International hat mit Marktforschungsunternehmen spezielle Wirkungsstudien entwickelt, die so weit als möglich die Kundenimpulse inklusive Kaufverhalten aus dem Content-

Umfeld (=Magazin) erfassen und in Relation zu anderen Verkaufsimpulsen setzen sollen. Letztlich hat sich aber als einzige Marktforschung, die Wirkung und Erfolg in Deutschland zusammenfasst, der CP Standard von TNS Emnid durchgesetzt. In dieser vom Verband Forum Corporate Publishing, der Interessensvertretung der Branche für Corporate Publishing, mit initiierten und unterstützten Effizienzmessung für Kundenmedien werden kurzfristige und langfristige Erfolgsfaktoren erfasst und nunmehr schon bei über 60 Studien ermittelt. Dies bietet auch große Vorteile für ein modernes Benchmarking und die Vergleichbarkeit der Ergebnisse.

Der britische Kundenmagazin-Verband APA, der Association of Publishing Agencies, seinerseits hat ein entsprechendes Pendant in United Kingdom im Markt durchgesetzt: die AdvantageStudy in Zusammenarbeit mit dem Marktforschungsunternehmen MillwardBrown. Hier werden die Effekte der »Customer Magazines« in den Zusammenfassungen sogar aufgeteilt nach Branchen präsentiert.

Entscheidend ist und bleibt aber, innerhalb der Marketing-Medien-Kommunikation aktive Response- und Verkaufsförderungsmittel zu integrieren. Sie belegen ganz ohne Marktforschung unmittelbar die aktivierende Wirkung der Medien. Sie kombinieren auf beste Weise die partnerschaftliche Ausgangsbasis der Marketing-Kommunikation mit den zu erzielenden Umsatz- und Vertriebs-Ergebnissen.

> **These 3**
> Marketing-Medien sind ein optimales Mittel, Marketing-Ziele nachweislich erfolgreich umzusetzen, und sind zugleich die perfekte Ausgangsbasis und Plattform für die Aktivierung von Marketing- und Verkaufszielen.
>
> Diese Medien bedürfen jedoch neben der klassischen Marktforschung des echten Erfolgs-Nachweises mittels integrierter Dialog- und Response-Mittel, die den Return of Investment beweisen und harte Kun-

Medien müssen die Kundenanreize aktivieren

Dialog heißt: die Kunden kennen lernen – durch Fragen, Angebote und durch das mediale Vorleisten in eine Kundenbeziehung. Dialog heißt aber auch: Antworten bekommen, Informationen über Kundeninteressen, Kundenziele und -wünsche zurückzuerhalten, die Kundenwerte zu steigern und auf der anderen Seite Kundenverluste zu minimieren. Und im besten Fall bedeutet die über die Medien transportierte Dialog-Beziehung sogar das Hervorrufen von aktiven Kauf- bzw. Nutzungsimpulsen. Wenn man diese im Rahmen der Vertriebsorganisation richtig erfasst bzw. erfassen kann, bekommt man unumstößliche Erfolgszahlen.

Der Kunde braucht das Gefühl, dass die Kommunikation speziell für seine Interessen gestrickt ist. Und er kann an diesem Interessen-Mehrwert aktiv und zu seinem Vorteil partizipieren. Diese ihm angebotenen Vorteile empfindet er im verstehbaren Kontext wirklich als Vorteile – und nutzt sie entsprechend.

Schließlich kann man auf den Kunden, den man nur mit dem Fernglas sieht und betrachtet, bei weitem nicht so persönlich und effektiv eingehen. Aber je mehr man über diesen Kunden weiß, desto besser kann man sich vom Angebot und den Produkten her tatsächlich auf ihn einstellen – besser als durch theoretische Marktforschung. So wie früher der Händler um die Ecke jeden seiner Kunden kannte – was er gerne kauft, welche Produkte er bevorzugt –, so kann diese Aufgabe nun ein modernes Kundenbindungs-System übernehmen. Durch ein effizientes Dialog-System auf der Basis der Medien-Inhalte erfasst man die Vorlieben und Interessen der Kunden und lernt sie kennen. Die Kenntnisse setzt man um in konkrete Angebote und Kundenofferten.

Dialog funktioniert deshalb nicht oder bei weitem nicht so wirkungsvoll mit technischen CRM-Rabatt- und Bonus-Systemen ohne Herz und Verstand und mit austauschbaren Prozent-Nachlässen, sondern am besten mit der »echten« Kundenkommunikation. Kundenmedien fungieren hier als umfassende Informationsdrehscheibe und kombinieren Beratung mit Emotion. Und deshalb zwingen diese Magazine die Kunden nicht zu einer Form der One-Way-Kommunikation, sie versuchen auf freiwilliger Basis im Sinne des Permission Marketings zu überzeugen – und ihre Vorteilsangebote zu vermitteln.

Aktivierende Dialog-Mittel in Marketing-Medien sind insbesondere:

- Telefon-Hotline, Internet-Link
- klassische Gewinnspiele und Aktionen
- spezielle, zielgruppengerecht entwickelte Angebote
- gezielte Vorteile (u.a. Coupons)

Entscheidend ist letztendlich beides: Content, der überzeugt, und Dialog, der vermittelt. Die partnerschaftliche Kundenansprache ist das »Sesam-öffne-Dich«. Die Dialog-Mittel sind die notwendigen Werkzeuge, um nach Eintreten in die Kommunikation wirklich effektiv den Schatz zu bergen: der

Kunde, der bereit ist, in Zwiesprache mit dem Unternehmen sich und seine Interessen einzubringen.

Wer auf eine solche fundierte Dialog-Kommunikation verzichtet – mit einer Zeitschrift als glaubwürdigem Vermittler –, verschenkt ein hohes Potenzial für die Zukunft, seine Kunden langfristig zu binden und sich von der Konkurrenz abzugrenzen. Schließlich sind die Gefühle, die weichen Faktoren einer Marke und/oder die Storys rund um eine (Handels-)Marke, die langfristig effektiveren Erfolgs-Bausteine als der trockene Preiskampf um Cent-Differenzen.

Inhaltlich »aufgeladene« Kundenvorteile wirken doppelt

Coupons im Rahmen der Marketing-Magazine sind besonders geeignet und geradezu prädestiniert, um den Erfolg der medialen Partnerschafts-Kommunikation mit den Kunden zu untermauern. Coupons dokumentieren auf der einen Seite die Effektivität der Medien, indem sie direkt zu Umsatz führen. Andererseits können Coupons die inhaltliche »Aufladung« durch Storys, Produktberichte, Infos und Beschreibungen gut gebrauchen, damit sie a) wirklich eingesetzt werden, und b) sinnvoll und zielgerichtet so eingesetzt werden, wie es dem Herausgeber am gewinnbringendsten Umsatz geriert.

Marketing-Medien ermöglichen deshalb die »intelligenten Coupons«, Coupons, die nicht allein mit ihrem geldwerten Vorteil wirken, sondern auch durch die inhaltliche »Stimulierung« des Kunden. Das Ziel: Der Kunde (= Leser) soll exakt den ihm angebotenen geldwerten Vorteil für ein spezielles Produkt auch wirklich haben wollen und besonders »wertschätzen«. Journalistische Vermittlung bewirkt deshalb einen gezielten Einsatz von Coupons und/oder Rabatten. Dabei ist der tatsächliche Geldvorteil nur ein Baustein des Vorteilsangebots. Genauso wichtig ist die emotionale und inhaltliche Bedürfnis-Schaffung: den Wunsch zu fördern, den Vorteil zu brauchen.

Diese Lenkfähigkeit der Medien in Bezug auf die Zielrichtung und den Einsatz von Coupons zur Umsatz- und Verkaufsaktivierung macht die Kombination aus beiden erst zu dem, was es ist: eine optimale Symbiose. Die mediale Darstellung aktiviert die Coupons bewusst und mit Sinn. Die Coupons ihrerseits untermauern und beweisen die Effektivität der Corporate- und Marketing-Medien und deren Bedeutung im Rahmen der Markenkommunikation und machen sie erst zu dem wichtigen Baustein im Marketing-Mix, den sie – wie anhand der Fallbeispiele nachweislich gezeigt – aufweisen können.

So betrachtet zeigt sich, wie wichtig und gut der Einsatz von Coupons in diesem Umfeld ist. Es ist ein dramaturgischer Aufbau, der mit der »Story« rund um das Unternehmen und/oder das Produkte beginnt. Es setzt sich fort in der inhaltlichen Stimulierung der Kunden, die aus der »Story« heraus Interesse für das Unternehmen und/oder das Produkt entwickeln und die Bereitschaft aufweisen, darüber mehr zu erfahren. Und als quasi Höhepunkt wird diese Inszenierung mit einem Dialog-Element, speziell z.B. mit einem Coupon »abgeschlossen«, der die Aktivierung des Kunden real und klar macht und zu einem Ergebnis bringt.

Dabei ist es egal, welche Art von Coupons aus dem Inhalts-Kontext eingesetzt wird. Der jeweilige Coupon dokumentiert letztendlich das aktive Angebot an den Kunden, teilzuhaben, Vorteile einsetzen zu können oder aus dem Partnerschafts-Medium, das ihm von Unternehmensseite dargeboten wird, Nutzen zu ziehen.

Jede Form der Content-Kunden-Stimulierung benötigt einen klaren Abschluss:

- Rabatt-Coupons, geldwerte Vorteile, Strichcode-Coupons
- Aktions-Aktivierung, Partizipation, Mitmach-Aktivitäten, Gewinnspiele
- Informationsmaterial, Broschüren, Samples
- Leser-/Kundenangebote (z.B. Leserreise, Seminar, Sonderangebot)

Für den Kunden wird auf diese Weise insbesondere die Existenz des Corporate- oder Marketingmagazins eindeutig geklärt. Denn erst wenn der Empfänger versteht und nachvollzieht, warum er mittels eines Mediums informiert und »beehrt« wird, kann er die Kommunikation richtig einordnen. Und erst wenn er diese Einordnung für sich geklärt hat, kann er die Kommunikation akzeptieren – und positiv anerkennen.

These 4
Dialog-Elemente machen die Effektivität von Unternehmens- und Marketingmagazinen erst wirklich sichtbar und transparent und sind deshalb ein tragendes Mittel in der journalistischen Umsetzung.

Coupons eignen sich ganz besonders, um die dramaturgisch effektive Kommunikation mit einem echten Ergebnis abzuschließen. Coupons jeglicher Art ermöglichen die direkte Teilnahme-Offerte an den Kunden (=Leser), die direkt an die jeweilige Content-Story anknüpft.

Coupons müssen nicht unbedingt als Strichcode-Coupons unmittelbaren Handelseinsatz mit Geldvorteil vorweisen. »Coupon« ist auch die Broschüren-Bestellung oder der Gewinnspiel-Voucher.

»Ich publiziere, also verkaufe ich«

Durch die Marketing-Medien als Schalt- und Relaisstation wird ein aktiver Marketing-Kreislauf angestoßen. Dieser schafft es in der Kombination mit den Dialog- wie Response-Elementen (u.a. Coupons), aus der inhaltlichen Stimulierung konkrete Umsatzergebnisse herauszuarbeiten. Es ist ein Umsatz auf solidem Boden – keine nur punktuell wirkenden Marketing-Maßnahmen und Werbemittel, keine teuer erkauften Sonderaktionen. Die verkaufsorientierte Medien- und Dialogkommunikation lässt sich einfach und klar (nach-)rechnen und nachvollziehen. Die anfangs dargestellte eindimensionale »Magazin-Marketing-Plattform« wird zu einer klugen, innovativen »CRM-Plattform«: Kundenbindung und -beziehung im Kreislauf. Vieles, was theoretisch an Kosten und Arbeit mit einem solchen CRM-System verbunden ist, ergibt sich auf diese Weise am konkreten Fall.

Auch die weiterführende Vernetzung von Database-Management und Marketing-Zeitschrift kann man, – muss man aber nicht –, in dieses System integrieren. Schließlich dienen bereits die eingesetzten Dialogmittel, speziell die Coupons, als unmittelbare »Erfolgskontrolle« für die »Customer Relation«. Es ist also durchaus möglich, Schritt für Schritt den Weg zu gehen und nicht gleich von vorneherein ein gigantisches CRM-System aufzubauen, alle Eventualitäten durchgespielt zu haben und dann erst anzufangen. Learning by success ist hier sicherlich das kostengünstigere Modell – begleitet von exakter Wirkungsforschung durch die Response-Elemente und verkaufsfördernden Coupons.

Der mediale Marketing-Kreislauf stimuliert die Kunden und vermittelt inhaltlich fundierte Impulse. Insofern ist das System aus Magazinen und Coupons die optimale Grundlage für die Initiierung eines erfolgreichen CRM-Kreislaufs. Dieser Kreislauf wird von den inhaltlichen Themen wie von einem Motor immer wieder aktuell angetrieben und periodisch in Bewegung gehalten. Content stimuliert, Coupons setzen die Impulse in Handlung um und führen zu mehr Umsatz.

- Magazin als Marketing-Plattform und Relaisstation für Dialog und Verkaufsförderungs-Elemente
- Magazin als Träger und Motor für Coupons, um die Themen/Inhalte unmittelbar in die Tat umzusetzen
- Magazin als Ausgangsbasis und Bestandteil eines CRM-Kreislaufs für effektive Kundenbetreuung

Anhand dieses Kreislaufs zeigt sich schnell, dass moderne, innovative Magazin-Konzepte sowohl effektiv sind wie auch preisgünstig. Denn wenn man ein solches Magazin richtig ansiedelt, spricht man exakt und ohne Streuverluste genau die richtigen Kunden an: die besten Kunden, die gewünschte Zielgruppe. Man konstruiert ein CRM-System, ohne zu hohe Anlauf- und Nebenkosten in Theorie wie Praxis hinterher zu ziehen. Und man macht dieses mediale Kreislauf-System durch die Einbeziehung von u.a. Coupons von vorneherein rechenbar.

Medien und Couponing – die optimale Synthese

Der Einsatz von Coupons erlaubt die exakte Berechnung eines stets aktuellen, überprüfbaren Kosten- und Business-Modells. Handels- und Strichcode-Coupons, die direkt in Kombination mit dem Kauf von Produkten/Dienstleistungen stehen, machen insbesondere die umsatzrelevanten Auswirkungen einer Medien-Kommunikation unmittelbar transparent. Natürlich ist es dabei zu kurzsichtig, allein auf diese Bewertung zu setzen und andere wichtige Bewertungsgrundlagen nicht in die Berechnung mit einzubeziehen.

Faktoren zur Bewertung der Corporate- und Marketingmedien hier sind unter anderem:

- Neukundengewinnung, (Member Get Member)
- Verhinderung von Kundenverlusten
- Loyalitäts-Steigerung und Cross-Effekte
- Langzeit-Effekte, Lifetime-Value

Die Vielzahl an Partizipations-»Coupons« schafft im Rahmen des Medien-Marketing-Kreislaufs eine stete Rückkoppelung und Überprüfbarkeit der Ziele und angestrebten Ergebnisse. Responsewerte und Dialog-Mechanismen wie Broschürenanforderungen, Mitwirkung an Events oder inhaltlich geprägte Gewinnaktionen sind ebenfalls entscheidende Erfolgsmaßstäbe im Rahmen der Ergebniskontrolle.

Dennoch erlaubt der Umsatzaspekt in Kombination mit dem unmittelbar hervorgerufenen Mehrumsatz abzüglich der Handelsspanne einen der offensichtlichsten Erfolgsnachweise und gibt damit zumindest die Zielrichtung vor. Die Summe, die pro Kunde investiert wird, muss sich in Form eines Return of Investment rechnen lassen. So wie ein Unternehmen eine Filiale eröffnet, dafür Geld investiert und nach einem bestimmten Zeitlimit Profit erwartet, muss sich auch ein Marketing-Medium in der Summe seiner Erfolgsfaktoren am Return of Investment messen lassen. Angesichts der immer wichtiger werdenden »Controller« in den Unternehmen ist eine solche Bewertung als Aspekt in der Gesamtkommunikation eine große argumentative Stütze.

Insofern muss man von folgender Grundlage ausgehen: die Summe der Kosten pro Kunde, die eine Medienkommunikation pro Jahr im Minimum kostet. Bei viermaligem Kontakt per Magazin direkt im Briefkasten handelt es sich dabei circa um einen Betrag von 8 bis 10 Euro. Diese Investitionen müssen durch Umsatzstimulierungen, am besten mittels Coupons, wieder eingespielt werden. Das heißt, der Kunde muss zu einem kalkulativen Mehrumsatz von mindestens circa 20 Euro initiiert werden. Abzüglich der Kosten/Handelsspanne etc. bleiben circa 10 Euro übrig, um den Nachweis erbracht zu haben, die wichtige Marketing-Kommunikation zumindest kostenneutral zu führen. Ein solches »Business-Modell« ist mittels unmittelbarer Handelscoupons direkt beweisbar, gilt aber genauso dann, wenn der Umsatz nicht so eindeutig einem Medienimpuls zurechenbar ist. Dieser stimulierte Mehr-Umsatz lässt sich durch den Einsatz von markierten Vouchers bzw. Vorteils-Coupons am besten nachweisen.

Dieses in der Summe definierte Ziel-Ergebnis ist nachweislich eine erreichbare Größe. Selbst im Rahmen eines Begleitschreibens zur Zeitschrift und mit angehängtem Briefcoupon etc. ist die Kunden-Umsatzaktivierung eine lösbare Aufgabe. Denn mit einem Ergebnis von 2,5 Euro bzw. 5 Euro Umsatz via Coupon pro Magazin-Ausgabe ist ein Minimum gesetzt, das zur Finanzierung ausreicht. Direkt wirksame Vorteils-Coupons bzw. spezielle Angebote, die zum Thema passen und aus dem journalistischen Content erwachsen, stimulieren unmittelbar zur entsprechenden Bestellung bzw. zum Einsatz der Coupons und führen so schnell zum Umsatz. Dabei haben sich auch und gerade inhaltlich passende »Sonderangebote« als optimal erwiesen: der Weinöffner bzw. die Trüffelreibe zur entsprechenden Gourmet-Reportage, das Bestell-Buch zur Story, die Leserreise in Kombination zur Reise-Reportage, Deko-Produkte anknüpfend an den Styling-Bericht, spezielle Mode zur Fashion-Strecke.

Damit ist einmal mehr bewiesen, dass der inhaltlich stimulierende »Verkauf« via Corporate- und Marketing-Medien bzw. -Magazine eine echte Erfolgskomponente in der Gesamtkommunikation ist. In der Kombination mit dem Coupon wird ein solches Medium sogar zu einem aktiven Vertriebsmagazin – oder in anderen Worten: zu einem »Sales Magazin«.

Aus »Marketing-Magazin« wird »Sales-Magazin«

Insofern gibt es im Rahmen der erfolgsorientierten Umsetzung innovativer Kommunikationskonzepte drei zentrale Ansatzpunkte:

- Man muss wissen, was die Kunden von »ihrem« Kommunikationsmedium, »ihrer« Zeitschrift, wirklich wollen.
- Man muss wissen, was Unternehmen von »ihrem« Unternehmens- und Marketingmedium als Ziel definitiv erwarten müssen.
- Man muss wissen, wie man dieses Medium in Richtung eines verkaufsfördernden, vertriebsorientierten »Sales-Magazins« ausbaut.

Unter diesen drei Prämissen ist es mit heutigen führenden Dienstleistern und dem aktuellen Know-how in der Medienforschung und in der CP-Branche kein Problem mehr, ein solches innovatives Medienkonzept zu installieren. Entscheidend ist dabei, dass man Dinge zusammenbringt, die auf den ersten Blick nicht zusammengehören – und die ein bisschen Mut erfordern, um ein System auf die Beine zu stellen, das nicht auf halbem Weg stehen bleibt: Content und Coupon ist so ein Beispiel.

Mit dem aktuellen Know-how in der Branche sind auch innovative »Sales-Konzepte« im Rahmen der Unternehmensmedien-Kommunikation kein Problem: Content sells! Couponing by Content ist durch die thematisch-inhaltliche Stimulierung ebenso ein innovativ-neuer Ansatz im Marketing-Mix wie umgekehrt die erst durch Couponing »vollendete« Content-Kommunikation. Im Dialog und mit allen Mitteln der Vorteils- und Partizipations-Vermittlung offenbart sich die Wirkung und Qualität moderner Corporate- und Marketingmedien erst tatsächlich. Deshalb wirken Coupons hier Wunder.

Fazit

- Unternehmen nehmen »ihre« Medien selbst in die Hand, um die Stärken der Medien als »Partner« der Leser (= Kunden) für ihre Marketing- und Vertriebsziele im Dialog mit den Kunden aktiv zu nutzen. Durch »Storytelling« rund um Unternehmen und Produkte wird der Kunde »stimuliert«.
- Alle mit dem Content gekoppelten Dialogmittel, insbesondere aber Coupons in jeder Form, bringen diese Stimulierung auf den Punkt: Sie verstärken die Effekte moderner Unternehmensmedien und ermöglichen die Zielerreichung und Kontrolle eines angestrebten Return of Investment.
- Durch die neuartige Kombination gewinnen die von Unternehmen herausgegebenen Unternehmens- und Marketing-Medien eine neue, zusätzliche Qualität als aktive Vertriebs- und Sales-Medien.

5 Fallstudien

5.1 Bäckerblume

Branche: Lebensmittel
Funktion: Kundenbindung
Zielgruppe: Kunden von Bäckerfachgeschäften, in erster Linie Frauen
Sprache: deutsch
Erscheinungsweise: wöchentlich freitags
Auflage: 98.926 Exemplare (IVW IV/2009)
Vertrieb: in Bäckerfachgeschäften
Copypreis: Die Bäckerfachgeschäfte kaufen die Zeitschrift vom Herausgeber und geben sie kostenlos an ihre Kunden weiter.
Umfang: 40 Seiten inkl. Fernsehprogramm
Anzeigen: 1/1 Seitenpreis: 17.000 Euro
Gründungsjahr: 1954
Herausgeber: B&L-Mediengesellschaft mbH & Co KG, Hilden
Realisierung: Hanse-Medienkontor GmbH & Co KG, Chefredaktion: Holger Hansen, Gestaltung: ohne Angabe

Merkmale

Koch- und Backrezepte, Kreuzworträtsel, eine Witzeseite, das ist die BÄCKERBLUME. Über mittlerweile beinahe sechs Jahrzehnte war das Blatt der Prototyp der Kundenzeitschrift schlechthin. Die BÄCKERBLUME hat das Bild ganzer Journalistengenerationen von Kundenmagazinen geprägt. Zuletzt immer öfter im negativen Sinne. 2002 schrieb der Journalist Hans Hoff in einem Artikel über Kundenzeitschriften im MEDIUM MAGAZIN: »Der biedere Duft der Bäckerblume zog über die Seiten, es roch nach Langeweile und schlechter PR und nur selten nach Information oder gar Unterhaltung« (Hoff 2002, 38). Drei Jahre später, zum 50-jährigen Jubiläum spottete die BERLINER ZEITUNG:

> »Das Kreuzworträtsel in der jüngsten Ausgabe der Bäckerblume hat es wieder mal in sich. Kurort mit drei Buchstaben? Vorsichtshalber haben die Macher auf der beliebtesten Seite ihres Blattes eine Anzeige platziert. Ein Tonikum namens Florafit soll Wunder wirken. Es stärkt den Stoffwechsel und aktiviert die, nun ja, geistige Leistungsfähigkeit.«

Die BÄCKERBLUME repräsentiert für Journalisten das, was sie an Kundenzeitschriften nicht mögen: platte Produktwerbung und die Abwesenheit von

Journalismus. Die Abnehmer, also die Bäcker, die die Zeitschrift vom Herausgeber kaufen müssen, um sie dann kostenlos an ihre Kunden weitergeben zu können, sehen das selbstverständlich anders. Sie goutierten das Sammelsurium aus Roman, Horoskop, Preisrätsel, Rezepten und Artikeln wie »Die Macht der Farben«, »Kinder-Party«, »Frische Kräuter – wild und würzig«, »Eiskalte Schlemmereien« und »Mode zum Anbeißen«.

Fazit

Die BÄCKERBLUME ist im doppelten Sinne in die Jahre gekommen. Fast sechs Jahrzehnte Historie sind nicht spurlos an ihr vorbeigegangen. Unter handwerklichen Gesichtspunkten grenzt es an ein Wunder, dass es das Blatt immer noch gibt. Inhalt und Layout folgen keiner erkennbaren Struktur, Fotos haben keine Bildunterschriften, und Redaktion und Werbung sind nicht sichtbar getrennt. Alles wirkt lieblos und zusammengewürfelt. Dass die Welt der BÄCKERBLUME keine heile mehr ist, lässt sich daran ablesen, dass die Zeitschrift im Jahr 2004 mit einem kompletten TV-Programm ausgestattet werden musste. Der Seitenumfang erhöhte sich dadurch auf einen Schlag von 12 Seiten auf 40 Seiten. Der Auflagenentwicklung hat es nicht geholfen. Lag die Auflage in den Siebzigerjahren noch beinahe bei einer Million, ist sie mittlerweile auf 100.000 Exemplare abgestürzt. Ein Grund ist die Machart des Magazin, ein anderer die Entwicklung im Bäckerhandwerk. Die Zahl der Familienbetriebe geht zurück, die der Filialisten großer Ketten nimmt zu. Und die verzichten in der Regel auf das Blatt als Kundenbindung.

5.2 Centaur

Branche: Handel (Drogerien)
Funktion: Absatzförderung und Kundenbindung
Zielgruppe: Drogeriekunden, in erster Linie Frauen
Sprache: deutsch
Erscheinungsweise: achtmal im Jahr
Auflage: 650.000 Exemplare
Vertrieb: in allen Rossmann- und Kloppenburg-Drogeriemärkten, über Lesezirkel-Organisationen an ausgesuchte Zielgruppen wie Arztpraxen oder ähnlich stark frequentierte Wartebereiche sowie im Direktversand
Copypreis: keiner
Umfang: 100 Seiten
Anzeigen: 1/1 Seitenpreis: 30.000 Euro
Gründungsjahr: 2002
Herausgeber: Dirk Rossmann GmbH
Realisierung: Journal International Verlag, Redaktion: Cornelia Kroiß, Gestaltung: Libuse Luppi

Merkmale

Der Centaur ist ein Wesen aus der griechischen Mythologie, halb Pferd, halb Mensch. Die Drogeriemarktkette Rossmann führt das Doppelwesen (Ross und Mann!) seit Mitte der Achtzigerjahre im Logo und benannte 2002 auch die eigene Kundenzeitschrift danach. CENTAUR ist ein Kundenmagazin, das sich an die ganze Familie richtet, insbesondere aber an die Frau als Familienmanagerin und Verantwortliche für die Kaufentscheidungen. 70 Prozent der Kernleserschaft sind Frauen, davon wiederum gehören 40 Prozent der Altergruppe 39 bis 49 und 30 Prozent der Gruppe zwischen 29 und 39 Jahren an. Die Titelseiten von CENTAUR zeigen in der Regel fröhliche Kinder in stimmungsvoller Umgebung. Die Titelzeilen signalisieren Nutzwert: »So schützen Sie Ihre Haare vor Sonne und Co.«, »So kommen Sie zu Ihrer Bikini-Figur« oder »So wecken Sie Ihre Lebensgeister – Schminktipps und Trendfarben«. Der Heftinhalt ist ein bunter Mix für die gesamte Familie: Interviews (zum Beispiel mit dem britischen Tenor Paul Potts, Jazz-Sängerin Norah Jones, Moderatorin Barbara Schöneberger oder mit Rossmann-Eigner Dirk Rossmann), Berichte, Tipps und Informationen aus der Rossmann-Welt (zum Beispiel über die Eröffnung neuer Filialen). Die Themen selbst stehen fast immer in einer Verbindung zu den Produkten, die in den 1.500 Rossmann-Filialen erhältlich sind. Im Vergleich zu anderen Drogeriemagazinen profiliert sich CENTAUR durch eine hohe Dialogbereitschaft. Die Zeitschrift sucht den Kontakt mit den Kunden, wo es nur geht.

Sie bietet Leserreisen an (zum Beispiel in die Toskana), sie hat eine eigene Leserbriefseite eingerichtet, außerdem gibt es noch eine eigene Seite und eine telefonische Kunden-Hotline, auf der Fragen zu Produkten gestellt werden können. Dort wird beantwortet, wie viel und welches Calcium eine Brausetablette enthält oder ob Rossmann gentechnisch veränderte Produkte führt. Es gibt Mitmachwettbewerbe (zum Beispiel: Die schönsten Wellensittich-Fotos) und Gewinnspiele (»Gewinnen Sie ein Wellness-Wochenende in Bayern«). Abgerundet wird das Programm durch den Abdruck von Gutscheinen, mit denen die Rossmann-Kunden zwischen 50 Cent und 10 Euro beim Kauf bestimmter Produkte in den Filialen sparen können. Die Reaktion auf diese Angebote ist ausnehmend positiv. Mit drei Prozent Rücklaufquote fällt das Leser-Feedback sehr hoch aus. Laut Verlag schafft es das Magazin »überdurchschnittlich gut, Leser zu aktivieren und zu binden«.

Inhalt der Ausgabe 3/2010

4	Trendagent: Was uns Frühlingsgefühle zaubert
6	Star: Der britische Tenor Paul Potts
10	Report: Eine glückliche Kindheit – was ist das?
18	Rossmann sucht das Centaur-Gesicht 2010: Die 24 Favoritinnen
20	Beauty: Aromakosmetik – Harmonie zum Einatmen
24	Haare: Frisuren für den schönsten Tag im Leben
32	WM 2010: Philipp Lahm über das Leben als Star
36	Ratgeber: Den richtigen Schnuller finden
40	Picknick: Los geht's und nichts vergessen
44	Gesundheit: Acht Seiten extra
60	Aktuell: »babywelt« – das neue Rossmann Bonus-Programm
62	Gesellschaft: Hilfe für Computersüchtige
70	Sprache: Deutsche Produktnamen gesucht
72	Große Komiker: Bastian Pastewka
76	Reise: Bremen – offen und liebenswert
84	Tiere: Wir bekommen ein Aquarium
86	F(ragen) & A(ntworten): Das Rossmann-Team beantwortet ihre Fragen
96	Wein: Die helle Freude – Weiß und Rosé
110	Leser: Ihre Meinung schwarz auf weiß
112	Mondkalender: Das rät der Kosmos
114	Rätsel/Impressum: Gewinnen Sie eine Woche Urlaub im Allgäu!

Neben den Lesern spielen auch die Anzeigenkunden in CENTAUR eine spürbare Rolle. Die Auslastung durch Fremdanzeigen liegt bei 30 Prozent des Heftumfangs, so dass von dieser Seite eine spürbare Entlastung des Marketing-Etats von Rossmann geleistet wird. Inserenten sind in der Regel solche Firmen, deren Produkte auch in den Rossmann-Filialen zu kaufen sind.

Fazit

Realisiert wird CENTAUR vom Verlag Journal International in München. Die Kundenzeitschrift der Drogeriekette von Rossmann gehört zu den wenigen, die den Kunden nicht nur mit Informationen beliefern, sondern auch einen intensiven Dialog mit ihm betreiben und versuchen, ihn so stark wie möglich einzubinden.

5.3 Lufthansa Magazin

Branche: Reise/Touristik
Funktion: Imagepflege und Kundenbindung
Zielgruppe: Passagiere der Lufthansa
Sprachen: deutsch, englisch
Erscheinungsweise: monatlich
Auflage: 302.755 Exemplare
Vertrieb: an Bord der Lufthansa-Maschinen
Copypreis: keiner
Umfang: 84 bis 148 Seiten
Anzeigen: 1/1 Seitenpreis: 29.700 Euro
Gründungsjahr: 1997
Herausgeber: Deutsche Lufthansa AG
Realisierung: Gruner + Jahr Corporate Editors,
Chefredaktion: Uly Foerster, Gestaltung: Jürgen Kaffer

Merkmale

Für manchen Journalisten ist das LUFTHANSA MAGAZIN die Kundenzeitschrift schlechthin. Das mag daran liegen, dass es auch die einzige Kundenzeitschrift ist, mit der er regelmäßig in Kontakt kommt. Schließlich kann er dem Blatt kaum ausweichen, wenn er einen Lufthansa-Jet besteigt. Hinter jedem Sitz steckt ein Exemplar und wartet darauf, gelesen zu werden, wenn das Handy erst einmal abgeschaltet ist. Und wer sich bei einem Flug umschaut, wird schnell feststellen, dass die Kundenzeitschrift der Lufthansa sich gut gegen die kostenlos verteilte Konkurrenz von GALA, BUNTE und FOCUS behaupten kann. Das liegt daran, dass sich das Kommunikationsinstrument der Lufthansa auch unter journalistischen Gesichtspunkten nicht verstecken muss. Das Layout ist moderner und gediegener als das manch eines der herumliegenden Kaufmagazine. Die Inhalte sind zwar nicht brandaktuell, was bei einem monatlichen Erscheinungsrhythmus auch gar nicht geht, aber professionell recherchiert und appetitlich in Englisch und Deutsch für die Lektüre aufbereitet. Die inhaltlichen Schwerpunkte liegen auf »Aviation«, »Travel« und »Service«.

In »Aviation« geht es um Interessantes aus der Welt der Luftfahrt und der Lufthansa. Einiges dreht sich um Menschen, meist um die Reichen und Schönen oder die, die wirtschaftlich etwas bewegen. Hier passt die Schauspielerin Veronica Ferres genau so gut wie Verleger Florian Langenscheidt oder der Jazz-Sänger Eugen Cicero. Hinter der Überschrift »Travel« verbergen sich aufwändig recherchierte und fotografierte Reportagen aus der Welt des Reisens: Es geht ins Emirat Dubai, zum Surfen an den Strand oder immer wieder mal nach New York.. Das Heft endet mit dem »Service«, wozu vor allem der Kartenteil der Lufthansa mit allen angeflogenen Destinationen und das Unterhaltungsprogramm an Bord der Flugzeuge gehören. Das Magazin will informieren und unterhalten. Es soll die Leser zum Reisen animieren und sie mit der vielfältigen Welt der Lufthansa vertraut machen, heißt es im redaktionellen Konzept. Die Reportagen, Interviews und Features werden häufig von Autoren und Fotografen mit internationalem Renommee produziert. Man merkt dem Magazin auf jeder Seite an, dass der Anspruch an Fotos und Texte hoch ist.

Für die Umsetzung sorgt seit 1997 die Kundenzeitschriftenabteilung des Zeitschriftenkonzerns Gruner + Jahr. 1997 hatten die Hamburger den Auftrag erhalten, nachdem die Lufthansa bis dahin ihr LUFTHANSA BORDBUCH im Haus realisiert hatte. Am Hamburger Hafen hatte das Projekt von Beginn an erste Priorität. Gründungschefredakteur war der ehemalige STERN-Chefredakteur Klaus Liedtke. Der erfahrene Blattmacher hat beim LUFTHANSA MAGAZIN von Beginn an den Wettbewerb mit den Kaufzeitschriften gesucht und auf hohe journalistische Qualität gesetzt. »Kundenmagazine müssen glaubwürdig sein«, sagt Liedtke, der Ende 2003 auf den Posten des Editorial Directors wechselte und die Chefredaktion seinem Stellvertreter Uly Foerster übergab. Glaubwürdigkeit bedeute, so Liedtke, die Lufthansa nicht gegen ihre Interessen darzustellen. »Auch wir suchen nach exklusiven Geschichten und kleinen scoops, doch Themen, die Flugangst erzeugen, sind logischerweise tabu.« Man werde auch keinen Verriss über die Lufthansa im LUFTHANSA MAGAZIN lesen, ergänzt der jetzige Chefredakteur Uly Foerster. Und plumpe Produktplatzierung schade der Glaubwürdigkeit ebenfalls. In den ersten Jahren sollte zur Glaubwürdigkeit auch eine Schutzgebühr in Höhe von neun Mark pro Exemplar beitragen. Davon ist man mittlerweile allerdings wieder weg.

Mit dem Bemühen um höchste journalistische Professionalität, um Glaubwürdigkeit und mit der in den Flugzeugen der Lufthansa anzutreffenden Zielgruppe wird es zusammenhängen, dass das LUFTHANSA MAGAZIN eine der wenigen Kundenzeitschriften ist, die auch bei den Fremdanzeigen den Wettbewerb mit den Kaufzeitschriften nicht zu scheuen brauchen. Von 40 Prozent Anzeigenanteil träumt so manche Kaufzeitschrift, für Kundenzeitschriften ist das überragend. Gruner + Jahr Corporate Editors vertrauen im Anzeigenmarketing allerdings nicht nur auf die Kraft des Heftes, sondern unterstützten den Anzeigenverkauf in der Vergangenheit auch durch zusätzliche Maßnahmen. Da bekamen die rund 2.500 Mediaentscheider in Agenturen und Unternehmen schon mal zwei Flaschen Tomatensaft, Flaschenöffner, Rührstäbchen und Glas sowie ein LUFTHANSA MAGAZIN in der Geschenkbox in das Büro geschickt. Ziel des Mailings: Das LUFTHANSA MAGAZIN als einzigartigen Werbeträger, mit dem man eine Top-Zielgruppe in einer entspannten Situation erreichen kann, bei den Entscheidern zu positionieren. Mit originellen Anstößen versuchen die Anzeigenverkäufer regelmäßig auf die Vorteile einer Insertion im LUFTHANSA MAGAZIN aufmerksam zu machen.

Seit Ende 2003 gibt es neben dem LUFTHANSA MAGAZIN auch noch LUFTHANSA EXKLUSIVE. Während das LUFTHANSA MAGAZIN an Bord der Lufthansaflotte ausgelegt wird, wird LUFTHANSA EXCLUSIVE den an ihren Senator- oder Frequent-Traveller-Cards erkenntlichen Vielfliegern der Lufthansa per Post nach Hause geschickt. Während sich die Bordausgabe vor allem mit Reisen und Leuten beschäftigt, behandelt das neue Magazin in erster Linie Business- und Lifestyle-Themen. Zusammen erreichen die beiden Blätter eine Auflage von 589.000 Exemplaren.

Inzwischen hat die Lufthansa-Familie auch ein weibliches Mitglied bekommen. LUFTHANSA WOMAN'S WORLD erscheint viermal im Jahr und wendet sich mit den Themen Mode, Schönheit, Uhren, Schmuck und Reise vor allem an gut verdienende und viel fliegende Geschäftsfrauen.

Wenn jährlich die Branchen-Oskars beim »Best of Corporate Publishing« vergeben werden, ist das LUFTHANSA MAGAZIN fast immer ganz vorne mit dabei. In der Branche »Tourismus« gab es in den Jahren 2003 bis 2009 dreimal Silber und zweimal Gold.

Fazit

Kundenzeitschriften wie das LUFTHANSA MAGAZIN sind dafür verantwortlich, dass sich das Image der Kundenzeitschriften in den letzten Jahren spürbar verbessert hat und dass immer mehr Journalisten das Feld der Auftragskommunikation für sich entdecken. Die Zielgruppe des Blattes gehört nicht nur zu den Top-Verdienern in Deutschland, sondern erwartet auch bei ihrer Lektüre Qualität. Diesem Anspruch stellt sich das LUFTHANSA MAGAZIN mit Erfolg. Die im Wettbewerb errungenen Medaillen freuen nicht nur Redaktion und Verlag, sondern färben auch positiv auf den Auftraggeber ab. Die drei Kundenzeitschriften treten gediegen und opulent vor das Auge des Betrachters und trüben damit ein wenig den Blick für den oft spartanisch-hektischen Alltag in den Linienmaschinen der Fluggesellschaft zwischen Hamburg und Frankfurt oder Berlin und München. Aber so soll es wohl sein.

5.4 think:act

Branche: Unternehmensberatung
Funktion: Imageaufbau und Imagepflege
Zielgruppe: potenzielle Roland Berger-Klienten, globale Entscheider
Sprachen: deutsch, englisch, russisch, polnisch, chinesisch
Erscheinungsweise: dreimal im Jahr
Auflage: 15.000 Exemplare
Vertrieb: Postversand an ausgewählten Verteiler mit Entscheidern in Wirtschaft, Politik und Medien
Copypreis: keiner
Umfang: 60 Seiten
Herausgeber: Roland Berger Strategy Consultants
Realisierung: Burda Yukom Publishing GmbH,
Chefredaktion: Alexander Gutzmer, Gestaltung: Blasius Thätter

Merkmale

Als das Unternehmensmagazin THINK:ACT 2007 zum dritten Mal mit dem Best of Corporate Publishing-Award in der Kategorie Finanzdienstleistungen, Immobilien und Consulting ausgezeichnet wurde, freute sich Herausgeber Burkhard Schwenker, Vorsitzender der Geschäftsführung von Roland Berger Strategy Consultants:

> »Das Medium spiegelt wider, was wir unter exzellenter Strategieberatung verstehen. Höchste Qualität in Analyse und Konzeption, plus kreative Lösungen, die in der Umsetzung messbaren Mehrwert bringen. Nicht umsonst heißt unser Wertversprechen: Creative Strategies that work.«

Die so gelobte Publikation versteht sich als »Plattform für die Diskussion wissensintensiver Kernthemen der wirtschaftlichen Diskussion, ohne dabei den Eindruck einer direkten Promotion des Unternehmens zu erwecken«. Journalistisch recherchierte Beiträge wie »Mehr als gepflegter Dinner-Talk. Die neue Welt der Washingtoner Diplomatie« sollen die Kreativität und das Fachwissen des Beratungsunternehmens unterstreichen. Global bekannte Interviewpartner und Gastautoren wie der Künstler Damien Hirst oder Frankreichs ehemaliger Fußballstar Michel Platini sollen zeigen, dass Roland Berger nicht nur über exzellente Verbindungen in die Wirtschaft verfügt.
Aus THINK.ACT heraus ist inzwischen eine ganze Produktfamilie entstanden. THINK:ACT STUDY stellt die Ergebnisse für die Zielgruppe relevanter Stu-

dien vor, THINK:ACT CONTENT ist der Newsletter des Unternehmens, der für die Aktualität sorgt, die die Zeitschrift nicht hat, und THINK:ACT MOBILE ist ein auf Journalisten zugeschnittener Audiodienst, der den Medien neue Ideen für eigene Beiträge liefern soll. Nicht zu vergessen: Jede Ausgabe von THINK.ACT enthält eine CD, auf der man ausgewählte Beiträge eines Heftes hören kann.

Fazit

THINK:ACT will durch kontroverse Standpunkte, neue Gedanken und ungewöhnliche Blickwinkel überzeugen. Das Ergebnis – PR auf höchstem Niveau, eine eigene Produktfamilie und zahlreiche gewonnene Preise – kann sich sehen lassen. Die Macher selbst sind vom Erfolg überzeugt: »Durch die Kombination der verschiedenen THINK:ACT-Medien mit deren herausragenden Inhalten konnte sich die Brand als Wissensprovider für die Leser und Medien erfolgreich positionieren. [...] Das Magazin fungiert darüber hinaus für Roland Berger als Türöffner und Gesprächsinitiator zwischen Top-Managern. Aufgrund der THINK:ACT-Leistungen ist das Magazin mit seinen Derivaten heute ein unverzichtbares Tool des strategischen Marketings für Roland Berger Strategy Consultants.«

5.5 t-mobile_life

Fallstudien

Branche: IT/Telekommunikation
Funktionen: Imagepflege, Kundenbindung, Kundengewinnung, Absatzförderung
Zielgruppe: Privatkunden von T-Mobile
Sprache: deutsch
Erscheinungsweise: viermal im Jahr
Auflage: 550.000 Exemplare
Vertrieb: Direktversand
Copypreis: keiner
Umfang: 36 Seiten
Anzeigen: 1/1 Seitenpreis: 16.500 Euro
Herausgeber: T-Mobile Deutschland
Realisierung: JDB Media, Redaktion: Marc-Oliver Prier, Gestaltung: Claudia Schiersch

Merkmale

Wie es sich für einen großen Auftraggeber gehört, kommt das Privatkundenmagazin von T-Mobile Deutschland mit hohem Anspruch daher. T-MOBILE_LIFE soll eine sehr heterogene Zielgruppe erreichen, die sich über das Thema mobile Kommunikation verbunden fühlt. Die Herausgeber gehen davon aus, dass die Leser T-Mobile bei diesem Thema für kompetent halten und das Thema mobile Kommunikation gleichzeitig eine gute Grundlage für ein buntes Themenspektrum ist. Sie versprechen Kompetenz, Glaubwürdigkeit und Abwechslung durch journalistisch aufbereitete Inhalte, kurzum »Infotainment auf Kiosk-Niveau«.

Inhalt der Ausgabe 4/2009
8 Titelstory
Grenzen gab's gestern
Handys haben unser Leben verändert, denn sie ermöglichen überall eine grenzenlose Kommunikation und vereinfachen dank verschiedenster Anwendungen den Alltag.

tipps & service
6 Diamant Service aktuell
T-Mobile schenkt allen Diamant Service Kunden ein exklusives Weihnachtsalbum.

15 Gesucht – gefunden
Suchmaschinen wie Yahoo! haben schnelle und umfassende Antworten auf jede wichtige Frage parat.
26 Immer im Bilde
Mobile TV bringt das Fernsehen aufs Handy, so dass man seine Lieblingssendungen auch unterwegs auf dem Mobiltelefon anschauen kann.
30 Neue Angebote
VZ-Option, Combi Tarife ohne Handy, Schutzbrief, Miles & More Prämienmeilen und Xtra Pac Playgrounds Edition – das sind die T-Mobile Trends für den Winter.
34 Fragen und Antworten
t-mobile_life beantwortet häufig gestellte Fragen.

life & style
12 Das tut gut
Große Veränderungen fangen klein an: T-Mobile leistet mit verschiedenen Angeboten einen Beitrag zur nachhaltigen Entwicklung.
16 Weihnachten kommt
Geschenktipps für alle, die noch nicht wissen, was sie verschenken wollen.
20 Die Tester der T-City
In Friedrichshafen wird die Zukunft bereits heute gelebt. In neun Haushalten testen sogenannte Zukünftler künftige Kommunikationslösungen.
28 Jetzt wird es sportlich
Als einer der größten Sportförderer Deutschlands unterstützt die Deutsche Telekom die Fußball-Nationalmannschaft der Frauen und das deutsche Olympiateam.

relax & fun
22 Comeback des Jahres
Robbie Williams ist mit seinem neuen Album »Reality killed the Video Star« nach drei Jahren Pause wieder da.
32 Hinter den Kulissen
Eine MTV-Insiderin durfte beim T-Mobile Street Gig im Steinbruch nicht nur Razorlight treffen, bei der Zugabe stand sie sogar auf der Bühne.

sms-interview
34 Ran an die Töpfe
TV-Köchin Sarah Wiener verrät im Gespräch, was es zu Weihnachten bei ihr zu essen gibt.

MOBILE_LIFE erscheint in zwei Versionen der allgemeinen Ausgabe mit der Auflage von 425.000 Exemplaren und der so genannten Diamant Service Edition mit einer Auflage von 125.000 Exemplaren. Letztere richtet sich an die Kunden des Diamant Service-Vorteilsprogramms von T-Mobile. Beide Hefte sind nahezu identisch. Unterschied: Auf Austauschseiten werden die exklusiven Vorteile des Diamant Service ausgelobt.

Fazit

Zwischen Anspruch und Wirklichkeit klafft bei T-MOBILE_LIFE eine kleine Lücke. Das Blatt ist professionell und auf hohem Niveau gestaltet, aber das markante T-Mobile-Branding und die offensichtliche Produktwerbung auf den meisten Seiten führen dazu, dass das Blatt oft wie eine Mischung aus Magazin und Katalog (Magalog) daher kommt, nicht aber wie eine journalistisch gemachte Kundenzeitschrift. In diesem Umfeld wirkt dann selbst ein Artikel über Umweltschutz und Nachhaltigkeit bei der Deutschen Telekom (T-MOBILE_LIFE 4/2009, 12) werblich.

5.6 The Mini International

Branche: Automobil
Funktion: Imageaufbau, Kundenbindung und Kundengewinnung
Zielgruppe: potenzielle Mini-Käufer
Sprachen: deutsch, englisch, französisch, japanisch, chinesisch
Erscheinungsweise: halbjährlich
Auflage: 50.000 Exemplare in deutsch, Gesamtauflage liegt bei 240.000 Exemplaren
Vertrieb: über Mini-Händler, Call-Center, Messen, Events, Internet und an Bahnhofs- und Flughafenbuchhandlungen in Deutschland sowie in ausgewählten europäischen Städten und in Design Hotels
Copypreis: 5 Euro
Umfang: 68 Seiten
Anzeigen: 1/1 Seitenpreis: 5.500 Euro
Gründungsjahr: 2001
Herausgeber: Bayerische Motorenwerke AG, Mini Brand Management
Realisierung: Hoffmann und Campe Corporate Publishing, Chefredaktion: Anne Urbauer, Gestaltung: Mike Meiré

Merkmale

Ende 2001 brachten die Bayerischen Motorenwerke (BMW) ein neues Auto heraus, das bereits auf eine eigene Geschichte zurückblicken konnte: den Mini. Vierzig Jahre lang war ein aus England importierter Kleinwagen unter diesem Namen auf Deutschlands Straßen gefahren. Seine eigenwillige, knuffige Form und das typische Mini-Fahrgefühl – harte Federung, mit dem Sitz nur knapp über der Straße – hatten ihn für viele zu einem Auto mit einer besonderen Aura werden lassen. An diesen Mythos wollte BMW nach Übernahme der Mini-Firmenmutter Rover mit einem ansonsten völlig neu konzipierten und gestalteten Mini anknüpfen. Noch bevor das Auto auf dem Markt war, begannen die Marketing-Spezialisten bereits mit dem entsprechenden Imageaufbau. Eigenwillig, ganz im Sinne der Markenführung, dann auch der Start der Vermarktung. Die Kundenzeitschrift MINI INTERNATIONAL erschien im Mai 2001, mehrere Monate, bevor es überhaupt Kunden gab! Denn der Wagen selbst kam erst im Herbst darauf zu den Händlern.

In der Presse-Information hieß es wohl tönend zum Frühstart:

> »Das Magazin zum Auto kommt schon jetzt. Es bündelt die wichtigsten Charakterzüge und Werte des Mini. Es ist kosmopolitisch und klassenlos, sexy und emotional, authentisch und anarchisch, definiert

einen ganz besonderen Lebensstil. Genauso sieht sich MINI INTERNATIONAL, das als neues Lifestyle Magazin richtungsweisend ist.«

Das Kundenmagazin sollte von Beginn an widerspiegeln, was man sich an Image auch für das Auto selbst erhoffte. Aus Sicht der Marketingstrategen handelt es sich um ein einzigartiges Auto (»Der Mini ist eine Klasse für sich«). Der Mini steht für Selbstständigkeit, Unkonventionalität und Internationalität. Diese Eigenschaften musste folglich auch das dazu gehörige Kundenmagazin mitbringen. Die Corporate-Publishing-Abteilung von Hoffmann und Campe, die bereits das BMW MAGAZIN betreute, realisierte den Auftrag. Sie holte zwei Kreative, die in ihrer beruflichen Vergangenheit bereits belegt hatten, dass sie von Lifestyle-Profilierung etwas verstehen. Für Konzept und Design verantwortlich sind bis heute die Journalistin Anne Urbauer und der Creative Director Mike Meiré. Urbauer hatte nach beruflichen Stationen bei den Zeitschriften TEMPO, STERN und DIE WOCHE auch für stilbildende Magazine wie WALLPAPER und H.O.M.E gearbeitet und ist parallel zum Mini-Magazin seit 2010 auch Chefredakteurin der Zeitschrift COUNTRY. Mike Meiré betreibt mit seinem Bruder Marc seit 1987 eine renommierte Agentur, die auf Markenführung spezialisiert ist, und verantwortete als Art Director auch die Kundenzeitschrift MCK WISSEN und das Wirtschaftsmagazin BRAND EINS.

Das Duo realisiert seit einem knappen Jahrzehnt für den Mini eine Kundenzeitschrift, die »sich an den Guidelines des Mini-Konzepts orientiert.« Dabei passte sich das Magazin immer wieder der schnelllebigen Zeit an. In den ersten Jahren präsentierte jede Ausgabe der Zeitschrift eine internationale Metropole, unter anderen Berlin, Auckland, Shanghai, Mailand, Montreal, Casablanca, Reykjavik, Marseille, Brooklyn, Tokio, Barcelona, Kapstadt und Antwerpen. Dabei verstand sich das Magazin weniger als Reiseführer, sondern als Lifestyle-Guide, der sich in erster Linie mit den – meist jungen – kreativen Machern aus den Szenen Mode, Film, Design, Musik, Medien, Kunst und Literatur auseinandersetzte und sie vorstellte. Chefredakteurin Anne Urbauer damals: »Wir wollen urbane Lebensräume vorstellen, in Fotos und Texten zeigen wie Menschen in diesen Metropolen denken und fühlen«. Die wesentlichen Artikel werden von Autoren aus der jeweiligen Stadt geschrieben, auch bei der Fotografie greift das Art Buying, wo immer es möglich ist, auf örtliche Fotografen zurück.

Das Cover von MINI INTERNATIONAL war klar, übersichtlich und eindrücklich. Es zeigte ein (fast immer) junges Gesicht aus der Stadt vor einfarbigem Hintergrund. Mit diesem Konzept avancierte die Zeitschrift von Mini zu einem der erfolgreichsten Kundenmagazine der Welt. Zumindest was die Ehrungen im Rahmen der diversen Branchenwettbewerbe anging.

Im Sommer 2009 dann der Relaunch. THE MINI INTERNATIONAL heißt die Zeitschrift jetzt mit dem Untertitel »The Mini Summary of Urban Life, Culture and Design«. Mit der Titelerweiterung einher ging die Abkehr von den mono-städtischen Ausgaben. Inhaltlich gliedert sich das überarbeitete Magazin seitdem in die drei Rubriken »Mini Life«, »Mini Culture« und »Mini Design«. Und tauchte das Auto selbst in den früheren Ausgaben nur sehr reduziert und separiert auf, so fährt der kleine Wagen jetzt sehr viel deutlicher durch die Seiten. »Weil Mini mit Stil und Kultur in engem Kontakt steht, nehmen das Auto und seine Welt sehr viel mehr Platz im Heft ein als bisher«, erklärte Kai Laakmann, Geschäftsführer von Hoffmann und Campe Corporate Publishing, die Abkehr vom jahrelangen Understatement.

Dazu reduzierte Herausgeber BMW die Erscheinungsweise von vier- auf zweimal im Jahr.

Fazit

MINI INTERNATIONAL ist keine durchschnittliche Kundenzeitschrift. Wie BRAND EINS mit eigenwilligem Design und unkonventionellen Inhalten unter den Wirtschaftsmagazinen hervorsticht, fiel THE MINI INTERNATIONAL jahrelang durch seine geradlinige, inhaltliche und optische Gestaltung unter den Automobil-Kundenzeitschriften auf. Die Konkurrenz mit einer Kaufzeitschrift muss dieses Produkt bis heute nicht scheuen. Es dürfte allerdings schwierig sein, einen Konkurrenten zu finden, da kaum eine Kaufzeitschrift ihr inhaltliches Konzept so ungestört realisieren kann. THE MINI INTERNATIONAL ist inhaltlich interessant, weil die Redaktion immer wieder spannende Menschen in den Metropolen auftreibt, und es ist optisch attraktiv, weil die Redaktion nicht nur auf oft langweiliges Fotomaterial aus den Archiven vertraut, sondern gute Fotografen ihre Arbeit vor Ort machen lässt, und es ist chic wie ein Lifestyle-Utensil. Viel mehr Nähe zum Auto dürfte kaum zu schaffen sein.

6 Erfolg

Die Herausgeber von Kundenzeitschriften wissen ganz genau, was sie mit diesem Kommunikationsinstrument erreichen wollen. Die Pflege des Unternehmensimages, die Kundenbindung, die Kundengewinnung und die Absatzförderung sind die zugeschriebenen Funktionen. Emotionale Ansprache der Kunden und Berichterstattung mit Nutzwert sind weitere Zielsetzungen. Häufig liegt das Hauptgewicht auf der Imagepflege, oft auf der Kundenbindung, und es gibt auch Fälle, wo die Kundenzeitschrift gleich alle Funktionen erfüllen soll. Für die Erreichung ihrer Ziele geben Unternehmen im Jahr Hunderttausende von Euro, ja mitunter Millionenbeträge aus. Da ist es nahe liegend, dass die Budgetverantwortlichen möglichst genau wissen wollen, wie man die Kundenzeitschrift so gestaltet, dass sie die genannten Funktionen optimal erfüllt, und wie man kontrolliert, ob die Kundenzeitschrift die gewünschten Ergebnisse auch wirklich gebracht hat. Letztendlich müssen die Verantwortlichen in den Marketing- oder Öffentlichkeitsarbeitsabteilungen gegenüber ihren Vorgesetzten begründen, ob der finanzielle Aufwand gerechtfertigt ist oder nicht.

Das ist bei Kundenzeitschriften ein wenig komplizierter als bei Kaufzeitschriften. Der Verleger einer Kaufzeitschrift will mit der Zeitschrift selbst Geld verdienen. Er stellt den Produktions- und Vertriebskosten einfach die Erlöse durch Vertriebseinnahmen und Anzeigenverkauf gegenüber, und schon weiß er, ob sich die Zeitschrift rechnet. Dieses simple Messinstrument steht den Herausgebern von Kundenzeitschriften nicht zur Verfügung. Natürlich würden auch sie am liebsten mit ihren Kundenmagazinen selbst Geld verdienen, aber da sie nicht vorrangig als Verleger Gewinne realisieren wollen, geht es ihnen in erster Linie um die optimale Umsetzung der oben genannten Funktionen. Im Idealfall erfüllt ein Kundenmagazin also seine Funktion, bindet Kunden oder pflegt das Image und refinanziert sich zu einem Teil durch Einnahmen aus Vertrieb und Anzeigenverkauf. Im Regelfall sind alle zufrieden, wenn das Magazin einen messbaren Beitrag zur Kundenbindung oder bei der Absatzförderung leistet. Das folgende Kapitel beschreibt im ersten Teil, welche Voraussetzungen eine Kundenzeitschrift erfüllen muss, um den angestrebten Erfolg sicherzustellen. Der zweite Teil befasst sich damit, ob und wie man den Erfolg messen kann.

6.1 Kampf um die Aufmerksamkeit

Der Horror-Gedanke für Herausgeber und Dienstleister: Die Kundenzeitschrift wandert beim Kunden ungelesen in den Papiermüll. Wenn das alle Kunden so machen würden, gar nicht auszudenken. Die Kundenzeitschrift als aufwändige, groß angelegte Geldvernichtungsaktion. Wahrscheinlich wird ein solches Schicksal bei einer ungefragt zugestellten Zeitschrift nie ganz zu vermeiden sein, aber die Zahl der Totalverweigerer muss so klein wie möglich gehalten werden. Der Wegwerf-Impuls lässt sich nur unterdrücken, wenn der Leser von der Kundenzeitschrift etwas für ihn Positives erwartet. Das kann zum Beispiel ein konkreter Nutzen sein oder ein wenig Unterhaltung. Und die Erwartungen sind hoch. Denn es ist ja nicht so, dass die potenziellen Leser von Kundenzeitschriften zuhause sitzen, sich langweilen und auf den Leseanreiz irgendeiner Kundenzeitschrift warten würden. Die mediale Berieselung durch Rundfunk, Tageszeitungen, Zeitschriften und Internet hat ihre Folgen. Waren es 1955 noch anderthalb Stunden, die die Menschen in Deutschland täglich mit der Nutzung von Medien verbrachten, beanspruchte der Medienkonsum im Jahr 2005 bereits zehn Stunden pro Tag. Die Einführung des Privatfunks, der Siegeszug des Internets, die leichtere Konsumierbarkeit, die zeitgleiche Nutzung verschiedener Medien haben ihre deutlichen Spuren im Tagesablauf der Menschen hinterlassen.

Rein statistisch verbringt der Bundesbürger mittlerweile mehr Zeit mit den Medien als schlafend im Bett. Das ist die Ausgangssituation. Zu diesem üppigen Angebot kommen jetzt noch die Kundenzeitschriften, die von dem Kuchen namens Aufmerksamkeit auch ein Stückchen abhaben wollen. Dabei konkurrieren sie mit Thomas Gottschalk, Harry Potter, Madonna, dem Lokalteil der Tageszeitung, der Mailbox auf dem Laptop und dem Gewinnspiel von Radio XYZ. Die kursorisch angedeutete Konkurrenz lässt ermessen, wie gut die Kundenzeitschrift gemacht sein muss, die hier noch ein Stückchen vom zur Verfügung stehenden Zeitbudget abzwacken will.

Wie aber können Kundenzeitschriften in diesem Konkurrenzkampf bestehen und die Aufmerksamkeit ihrer Kunden erreichen?

6.2 Leserakzeptanz als Schlüssel zum Erfolg

Wir müssen alles anders machen! Nur dann können wir noch auffallen. So könnte der Laie meinen angesichts des medialen Wettbewerbs. Wir machen eine Zeitschrift, die ist so rund wie ein Wagenrad, oder unsere Kundenzeitschrift besteht ausschließlich aus Fotos. Solche Ideen sind nahe liegend, umsetzbar, aber auf Dauer nicht von Erfolg gekrönt. Sie sichern einmalige Aufmerksamkeit, aber nicht kontinuierlichen Erfolg. Die Wagenrad-Kundenzeitschrift läuft bald finanziell aus dem Runder, weil die Produktionskosten außergewöhnlich hoch sind, genauso wie die Vertriebskosten, schließlich passt das ungewöhnliche Format weder in genormte und preiswerte Umschläge noch in die Briefkästen der Zielgruppe. Das Fotoblatt wird schon beim dritten Mal für Macher und Leser zu anstrengend, weil die einen Schwierigkeiten mit der Realisierung haben, die anderen den Nutzwert vermissen.

Folglich müssen auch bei der Realisierung von Kundenzeitschriften Erkenntnisse über Leserbedürfnisse berücksichtigt werden, die als gesichert gelten dürfen.

Wenn der potenzielle Leser nicht einen Nutzen von der Lektüre erwartet, wird er die Zeitschrift nicht aufblättern, ja sie – vielleicht – nicht einmal in die Hand nehmen. Vielleicht will er sich nur die Langeweile vertreiben, vielleicht spricht ihn ein auf dem Titelblatt ausgelobtes Thema an, vielleicht schlägt er das Blatt auf, weil ihm bereits die vorherige Ausgabe gut gefallen hat und er jetzt darauf vertraut, dass er ein weiteres Mal gut unterhalten beziehungsweise informiert werden wird.

Lesebedürfnisse generell lassen sich in Gratifikationsfunktionen unterteilen, die auch für Kundenzeitschriften gelten. Um eine Bindung zum Leser und Kunden aufzubauen, sollten die folgenden Funktionen sichergestellt werden:

- Informationsfunktion
- Unterhaltungsfunktion
- Integrationsfunktion
- Interaktionsfunktion

Hinter der Informationsfunktion verbirgt sich die Anforderung, dass der Leser auf ihn zugeschnittene Informationen erhält, die für ihn interessant und relevant sind. Die Unterhaltungsfunktion wird im Wesentlichen durch ein abwechslungsreiches inhaltliches Angebot, einen verständlichen Sprachstil und eine klare Leserführung garantiert. Die Integrationsfunktion zielt darauf ab, das Selbstwertgefühl des Lesers zu steigern, in dem man ihm etwas Besonderes (die Kundenzeitschrift) umsonst gibt, ihm exklusive Informationen zukommen und ihn an einer Marken- und Produktwelt teilhaben lässt. Besonders betont wird diese Funktion etwa bei Kundenzeitschriften mit Club-Charakter. Mit der Interaktionsfunktion ist gemeint, dass Unternehmen und Kunde »das Gespräch« miteinander aufnehmen. Dialogmöglichkeiten wie Leserbriefe, Hotlines, Diskussionsforen oder Responseelemente wie Antwortkarten, Bestell-Coupons, Gewinnspiele oder Wettbewerbe sowie Kontaktangaben zum Unternehmen (Ansprechpartner, Telefon, Öffnungszeiten, Adressen, Verweise auf Internetseiten) fördern ein persönlich gestaltetes Beziehungsverhältnis und verstärken normalerweise die Bindung zum Unternehmen.

6.3 Bekanntheit und Nutzung

Das Marktforschungsinstitut TNS Emnid befragte im Auftrag der Kommunikationsagentur mediaedge:cia 1.300 bevölkerungsrepräsentative Personen ab 14 Jahren zur Nutzung von Kundenzeitschriften. Das Ergebnis dieser Befragung aus dem Jahr 2002 ist immer noch aktuell und kann aus Sicht der Herausgeber und Macher von Kundenzeitschriften als überwiegend erfreulich bezeichnet werden. Es sagt allerdings nichts aus über die Nutzung und Wirkung von einzelnen Kundenzeitschriften. Die wichtigsten Ergebnisse werden im Folgenden vorgestellt.

Die massive und langjährige Präsenz von hochauflagigen Gesundheitsjournalen wie der APOTHEKEN-UMSCHAU, der NEUEN APOTHEKEN ILLUSTRIERTEN oder der neueren VIVE in den Apotheken landauf und landab hat Wirkung gezeigt. Die Apothekenzeitschriften sind die mit Abstand am meisten gelesenen Kundenzeitschriften. 85,7 Prozent der Befragten haben schon einmal eine Apothekenzeitschrift gelesen. Und auch auf dem zweiten Platz gibt das Thema Gesundheit die Inhalte vor. 45,1 Prozent haben schon einmal die Kundenzeitschrift einer Krankenkasse gelesen.

Da mittlerweile die meisten in einer gesetzlichen Krankenkasse Versicherten eine Kundenzeitschrift erhalten, ist das Resultat keine sonderlich große Überraschung. Danach folgen die Kundenzeitschriften von Bäckereien (44,5 Prozent), Supermärkten (43,7 Prozent) und Drogerien (39,8 Prozent). Gering ist der Bekanntheitsgrad der Zeitschriften, die vom Handwerk (7,8 Prozent), von Hotels (7,3 Prozent) und Hochschulen (4,7 Prozent) herausgegeben werden. Angesichts der vielen Titel und der durchaus hohen Auflagen überrascht das schlechte Abschneiden der Energieversorgungsbetriebe (17,5 Prozent) ein wenig.

Bekanntheit von Kundenzeitschriften

Kundenzeitschriftenart	Prozent
Apotheken	85,7
Krankenkassen	45,1
Bäckereien	44,5
Supermärkte/Discounter/Einzelhandel	43,7
Drogerien/Parfümerien	39,8
Bau-/Heimwerkermärkte	34,5
Banken/Sparkassen	30,1
Autohändler/-clubs	22,6
Lotto/Glücksspiel	21,2
Medienunternehmen	20,7
Reisebüros/-veranstalter	19,9
Bausparkassen	17,9
Energieversorgungsbetriebe	17,5
Frisör	13,2
Telekommunikationsanbieter	12,9
Vereine/Gewerkschaften	11,2
Verkehrsbetriebe	11,2
Verbände	8,5
Handwerk/Industrie	7,8
Hotels/Gastronomie	7,3
Hochschule	4,7

Quelle: Werben & Verkaufen 2002, mediaedge:cia; Basis: alle Befragten, die Kundenzeitschriften kennen (1.048 von 1.288 Personen)

Häufigkeit der Nutzung von Kundenzeitschriften

Häufigkeit	Prozent
mehrmals pro Woche	5,7
regelmäßig einmal pro Woche	13,6
mehrmals pro Monat	34,2
regelmäßig einmal pro Monat	13,5
mehrmals im Jahr	20,6
seltener	9,8
nie	2,6

Quelle: Werben & Verkaufen 2002, mediaedge:cia; Basis: alle Befragten, die Kundenzeitschriften kennen (1.048 von 1.288 Personen)

Anzahl an gelesenen Kundenzeitschriften

Anzahl	Prozent
1 Kundenzeitschrift	15,1
2 bis 3 Kundenzeitschriften	61,5
4 bis 5 Kundenzeitschriften	18,2
mehr als 5 Kundenzeitschriften	5,2

Quelle: Werben & Verkaufen 2002, mediaedge:cia; Basis: alle Befragten, die Kundenzeitschriften kennen (1.048 von 1.288 Personen)

Mehr als die Hälfte der Befragten liest wenigstens mehrmals im Monat in einer Kundenzeitschrift. Und über 60 Prozent lesen zwei bis drei Kundenzeitschriften regelmäßig. Dabei lesen Frauen bevorzugt in den Zeitschriften von Drogerien und Frisören, Männer hingegen bevorzugen Zeitschriften von Autohändlern, Vereinen oder Gewerkschaften.

80 Prozent der Befragten greifen zu einer Kundenzeitschrift, weil sie nichts kostet. Damit ist die unentgeltliche Verfügbarkeit der Hauptgrund für die Zuwendung. Die journalistische Leistung kommt erst an zweiter Stelle. Gut die Hälfte (55,5 Prozent) liest eine Kundenzeitschrift aus Interesse am Inhalt. Fast genauso viele Befragte (53 Prozent) sind an Informationen über das Unternehmen und dessen Produkte interessiert. Immerhin 45 Prozent geben auch den hohen Informationsgehalt der Kundenzeitschrift als Lesegrund an. Mit 23,6 Prozent ist die Glaubwürdigkeit höher als der Unterhaltungswert der Kundenzeitschriften (15,9 Prozent).

Die Einstellung der Befragten zu Kundenzeitschriften ist überwiegend positiv. Kundenzeitschriften haben sich vor allem als Kaufanregung bewährt. Fast 70 Prozent geben an, dass dadurch ihre Aufmerksamkeit auf neue Produkte gelenkt worden ist. Über die Hälfte (55 Prozent) hält die Artikel für sehr informativ und beinahe ebenso viele Leser (45,5 Prozent) freuen sich über dieses Serviceangebot der Unternehmen. Bemerkenswert ist, dass immerhin 16,1 Prozent Inhalte der Kundenzeitschriften für glaubwürdiger halten als die von Kaufzeitschriften. Dieses aus Sicht der Kundenzeitschriftenherausgeber an sich positive Resultat wird durch eine neuere Untersuchung zum Thema Glaubwürdigkeit durch das Institut für Journalismus und PR der FH Gelsenkirchen nicht bestätigt (vgl. Hantke 2009). Die kritische Einstellung zu Kundenzeitschriften hält sich in engen Grenzen. Nur wenige mögen die Blätter nicht, weil sie nicht ansprechend gestaltet sind (4,4 Prozent) und ebenso viele (4,3 Prozent) stört es, dass sie die Zeitschriften ungefragt zugestellt bekommen.

Eine noch kleinere Gruppe (2,8 Prozent) glaubt, dass Unternehmen ihr Geld besser für andere Dinge als für Kundenzeitschriften ausgeben sollten.

Gründe für das Lesen von Kundenzeitschriften

Grund	Prozent
Kostenlos	77,9
Interesse am Inhalt	55,5
Erhalt von Infos über Unternehmen/Produkte	53,0
hoher Informationsgehalt	45,0
Glaubwürdigkeit des Inhalts	23,6
gute Verfügbarkeit	22,8
ansprechende Bilder/Fotos	18,6
hoher Unterhaltungswert	15,9
Zusätze oder Beilagen (CDs, Proben etc.)	15,4
positive Einstellung gegenüber Unternehmen/Branche	14,4
ansprechende optische Gestaltung	13,8
Übersichtlichkeit	11,5
gute Qualität des Materials	9,8
allgemeines positives Image des Unternehmens/Branche	9,2

Quelle: Werben & Verkaufen 2002, mediaedge:cia; Basis: alle Befragten, die Kundenzeitschriften kennen (1.048 von 1.288 Personen)

Tabelle: Einstellung zu Kundenzeitschriften

Einstellung	Prozent
dadurch auf neue Produkte aufmerksam geworden	68,8
Artikel sehr informativ	55,0
willkommenes Service-Angebot der Unternehmen/Branchen	45,5
sind sehr unterhaltsam	35,2
viele Infos über das jeweilige Unternehmen/Branche	31,3
man kann so auch auf neue Unternehmen aufmerksam werden	19,7
Inhalte glaubwürdiger als von Kaufzeitschriften	16,1
Kunde kann sich stärker mit dem Unternehmen identifizieren	12,1
wirken oft billig	11,1
Ich interessiere mich nicht für den Inhalt	4,7
mag ich nicht, weil nicht ansprechend gestaltet	4,4
störend, dass ungewollt Kundenzeitschriften ins Haus kommen	4,3
Unternehmen/Branchen sollten Geld besser investieren	2,8

Quelle: Werben & Verkaufen 2002, mediaedge:cia; Basis: alle Befragten, die Kundenzeitschriften kennen (1.048 von 1.288 Personen)

6.4 Erfolgsfaktor journalistische Qualität

»Im täglichen Konkurrenzkampf um die dreissig Minuten Aufmerksamkeit, die ein Durchschnittsschweizer den Printmedien schenkt, werden den Kundenzeitschriften hohe Ansprüche in punkto Professionalität und Zielgruppenorientierung abverlangt.« (Eicher 2003, 44)

Was für den Durchschnittsschweizer gilt, trifft auch auf Durchschnittsösterreicher und -deutsche zu. Kundenzeitschriften müssen ihren Lesern professionellen Journalismus anbieten, wenn sie wahr- und ernst genommen werden wollen.

Was aber macht professionellen Journalismus aus?
Die wichtigsten Funktionen von Journalismus sind seit jeher die Auswahl, Recherche, Bearbeitung und Vermittlung von Informationen. Professioneller Journalismus zeichnet sich dadurch aus, dass er zudem noch eine bestimmte Qualität des Produktes garantiert. Die Glaubwürdigkeit des Journalismus basiert zu einem großen Teil auf der journalistischen Qualität. Diese journalistische Qualität ist nicht einfach zu definieren, da es die journalistische Qualität schlechthin nicht gibt. Man kann nicht sagen, dass das Nachrichtenmagazin SPIEGEL eine gute und die Entertainment-Illustrierte BUNTE eine schlechte Zeitschrift ist. Genauso wenig wie man einen Porsche 911 mit einem VW Golf vergleichen kann. Beide sollten nie einem Vergleich standhalten, sondern wurden von ihren Auftraggebern für ganz unterschiedliche Zielgruppen entwickelt. Wie der Porsche eine gut verdienende, sportliche und an Image interessierte Klientel zufrieden stellen soll, so ist der VW Golf auf Masse und die Bedürfnisse einer möglichst großen Zielgruppe angelegt. Wie der SPIEGEL stolz seine Enthüllungsgeschichten aus Politik und Wirtschaft präsentiert, so lockt die BUNTE ihre Leser mit großen und kleinen Enthüllungen aus der Welt der Schönen und Reichen. Die Zielgruppen mögen sich am Rande überschneiden, aber beide Blätter haben nie in dem anderen einen Wettbewerber gesehen. Qualität kann also nur eine Variable oder aber eine Frage der Perspektive sein. Anders als bei Autoreifen ist journalistische Qualität nicht objektiv bestimmbar.

Aber der Porsche lässt sich mit einem Ferrari vergleichen, der VW Golf mit einem Opel Astra, der SPIEGEL mit FOCUS und die BUNTE mit GALA. Folglich kann die BÄCKERBLUME auch nicht mit dem BMW MAGAZIN verglichen werden. Das eine Blatt zielt auf die sozial bunt zusammen gewürfelte Kundschaft von Bäckerei-Fachgeschäften, das andere Blatt wendet sich an die Käufer von teuren Hightech-Autos. Der Kommunikationswissenschaftler Stephan Ruß-Mohl hat Recht, wenn er vorschlägt, Qualität als abhängige Variable zu definieren (Ruß-Mohl 1992, 85). Diese Variable wird beeinflusst durch:

- Medium
- Darstellungsform
- Periodizität
- Zielgruppe
- Funktion und
- Selbstverständnis

Unabhängig davon, dass die Qualität zu wesentlichen Teilen eine Frage der Perspektive ist, gibt es einige allgemeine Faktoren, die als Grundlagen von journalistischer Qualität allgemein anerkannt sind.

Zu den grundlegenden Faktoren gehören die folgenden:

- *Aktualität*

Die zeitliche Nähe zum Geschehen ist ein wesentliches Kriterium für guten Journalismus. Wer seinen Lesern immer alte Geschichten vorsetzt, betreibt im besten Fall Geschichtsschreibung, im Normalfall langweilt er. Viele Kundenzeitschriften tun sich aufgrund ihrer Erscheinungsweise schwer mit der Umsetzung des Kriteriums Aktualität. Wer wie die meisten nur viermal im Jahr eine Ausgabe herausbringt, kann nicht sehr aktuell arbeiten. In der Praxis wird das Problem meist umgangen, indem man nicht über Ereignisse mit Anfangs- und Enddatum berichtet, sondern über Sachverhalte oder über zukünftige Themen.

- *Relevanz*

Worüber berichtet wird, sollte für die Zielgruppe von Bedeutung sein, Betroffenheit hervorrufen oder zumindest Interesse erzeugen. Leser erwarten von einer gut gemachten Zeitschrift, dass deren Redaktion die relevanten Nachrichten aus einem Überangebot von Nachrichten herausfiltert.

- *Objektivität*

Den Artikeln sollte anzumerken sein, dass sie sich um Wahrhaftigkeit bemühen. Ein objektiver Journalismus ist vor allem wichtig für die Glaubwürdigkeit

der Publikation. Stellt der Leser immer wieder eine Diskrepanz zwischen der Berichterstattung in der Kundenzeitschrift und der Wirklichkeit fest, ist es um deren Glaubwürdigkeit geschehen. In der Folge wird auch dem Unternehmen nicht mehr geglaubt. Objektivität kann erreicht werden, wenn bestimmte Prozeduren umgesetzt werden (nach Weischenberg 1995, 165 f.):
- Präsentation möglicher, widerstreitender Aussagen zu einem Thema
- Stützung der zitierten Aussagen
- Kennzeichnung und Quellenangaben von Zitaten und Meinungen
- Beantwortung der so genannten journalistischen W-Fragen (Wer, was, wann, wo, warum, wie und woher)
- Trennung von Nachricht und Meinung

- *Vielfalt*

Die Forderung nach publizistischer Vielfalt ist eine zutiefst demokratische. Damit sich jeder eine umfassende eigene Meinung bilden kann, muss er die unterschiedlichen in einer Gesellschaft vorhandenen Argumente und Standpunkte kennen. Will die Kundenzeitschrift auch diesem Anspruch genügen, muss sie auch unterschiedliche Auffassungen oder Meinungen innerhalb eines Unternehmens abbilden.

- *Transparenz*

Um für den Leser Transparenz herzustellen, müssen mehrere Punkte berücksichtigt werden. So sollte der Leser darüber informiert werden, woher der Schreiber seine Informationen hat. Damit er die Quellen selber bewerten bzw. überprüfen kann. Zur Transparenz gehört aber auch die klare Trennung zwischen Redaktion und Anzeigen sowie zwischen Nachricht und Meinung.

- *Richtigkeit*

Was in den Artikeln steht, muss sowohl von der Schreibweise wie von den Fakten her stimmen.

- *Originalität*

Der Leser erwartet exklusive Informationen, die er noch nicht an anderer Stelle gelesen hat. Er will merken, dass die Redaktion nicht nur Fremdmaterial für ihn aufbereitet hat, sondern auch eigenes Material recherchiert hat. Er will eine optische Verpackung, die ihn zum Lesen reizt.

- *Verständlichkeit*
Professioneller Journalismus ist klar und einfach in der Sprache. Dabei hängt das richtige Maß von der Zielgruppe ab. Die Verständlichkeit kann aber nicht nur auf der Sprachebene gefördert werden, sondern auch im optischen Bereich. Eindeutige Bilder und eine klare Leserführung durch das Heft tragen ebenfalls ihren Teil zur Verständlichkeit bei.

- *Interaktivität*
Leser wissen es zu schätzen, wenn man sie um ihre Meinung fragt und ihnen den Dialog anbietet. Journalisten machen ein besseres Blatt, wenn sie wissen, was ihre Leser wollen.

Professioneller Journalismus bemüht sich immer um eine ausgewogene und vielfältige Berichterstattung, in der positive wie negative Inhalte vorkommen und auch Probleme, Konflikte und kontroverse Meinungen diskutiert werden. Auch wenn Kundenzeitschriften schon lange nicht mehr zum reinen Selbstlob hergestellt werden, fällt vielen der Umgang mit Kritik nach wie vor sehr schwer, wenn er das eigene Unternehmen betrifft.

6.5 Guter Journalismus ist der beste Verkäufer

Menschen interessieren sich für die Dinge, die sie gekauft haben, kaufen wollen oder kaufen könnten. Deshalb wollen sie Storys darüber lesen, Informationen erhalten und spannende Anregungen. Genau dieses Bedürfnis stillen Kundenzeitschriften – als emotionale und informative Lektüre über die Dinge, die Menschen gekauft haben, kaufen wollen oder könnten. Und in aller Regel erhoffen sich die Leser konkreten Nutzen von den Berichten. Kundenzeitschriften arbeiten demnach ganz anders als Werbung: Anzeigen, Fernsehspots oder Mailings sind Verkäufer mit einer einfachen, direkten Botschaft. Die lautet in der Regel: Kauf mich, bitte kauf mich! Kundenzeitschriften dagegen bieten dem Leser Hilfe an: mit konkreten Storys und Nachrichten zu Themen, die den Leser interessieren, mit Hintergründen zu Unternehmen und Branche – und selbstverständlich auch mit konkreten Produktinformationen.

Denn entscheidend für den Einsatz und die Positionierung moderner Kundenmedien ist ihr ernsthafter, partnerschaftlicher Umgang mit dem Kunden: Die Medien – ob Kundenzeitschriften, Newsletter oder Info-Foren im Web – leben von ihrer Glaubwürdigkeit. Sie nähern sich auf positive

Weise ihren Lesern: als Partner und Berater. In der Zeitschrift wird der Kunde als Leser umsorgt, informiert, inspiriert, emotionalisiert und beraten. Das ist eine starke Rolle. Jedes Medium muss sich diese Position mit jeder Ausgabe neu erarbeiten. Denn wer nimmt einen Berater ernst, der nur als Verkäufer auftritt und Werbebotschaften anbietet? Im Gegenteil: Der (Nicht-)Leser nimmt dann unter Umständen nur Zusatzvorteile wie Coupons oder Gewinnspiele mit, hört dem »Berater« aber nicht zu. Der größte Teil der beabsichtigten Wirkung eines Kundenmagazins geht verloren.

Deshalb braucht eine Kundenzeitschrift inhaltliche Qualität: interessante, journalistisch aufbereitete Themen und gut geschriebene Geschichten, Informationen, Berichte und Nachrichten, die dem Leser helfen. Dann hat die Zeitschrift die Chance, über Informationen hinaus auch Emotionen zu vermitteln und ein Markenbild entstehen zu lassen. Und sie hat die Chance, als Berater und Partner ernst genommen zu werden: Marketing-Medien ermöglichen mit inhaltlicher Qualität einen intelligenteren Einsatz von Instrumenten wie Coupons, weil diese nicht mehr nur mit einem geldwerten Vorteil winken, sondern auch über die inhaltliche Stimulierung des Kunden/Lesers wirken. Der Coupon braucht gar nicht mit »X« Prozent Rabatt zu werben. Er wird selbst dann eingesetzt, wenn er »nur« eine Infobroschüre verspricht. Vorausgesetzt, der »Partner Kundenzeitschrift« geht ehrlich mit seiner Doppelrolle um. Schließlich ist er ja tatsächlich unter anderem auch Verkäufer. Deshalb ist es wichtig, Unternehmens- und Produktinformation, Berichte in eigener Sache sowie Angebote optisch voneinander zu trennen – auch wenn sie inhaltlich zusammenhängen.

Dann wird ein gut geschriebenes Heft das Gefühl fördern, den Vorteil zu brauchen: Im besten Fall gestattet der Leser »seiner« Kundenzeitschrift nun auch, mit Dialog- und Responseaktionen das kommunikative Netz auszuwerfen. Er akzeptiert nicht nur konkrete Mehrwert-Angebote, Kunden-Specials oder Aktionen. Er erwartet sie. Schließlich wollen die Menschen nicht nur »mehr« wissen über die Dinge, die sie gekauft haben, kaufen wollen oder kaufen könnten. Sie wollen eine echte, emotionale Beziehung – bis hin zum aktiven Dialog.

6.6 Zielgruppengerechte Themenwahl

Egal ob der Schwerpunkt auf der Verkaufsförderung, der Kundenbindung oder dem Imageaufbau liegen soll, immer sind Kundenzeitschriften Produkte der Selbstdarstellung. Die Unternehmen geben sie in Auftrag, weil sie sich positiv darstellen und auf diesem Wege etwas für sich bewirken wollen. Wie man das am besten macht, wird in den Firmen jedoch unterschiedlich interpretiert. Muss das eigene Unternehmen möglichst oft darin vorkommen oder möglichst wenig? In früheren Jahren hat man die Frage mehrheitlich so beantwortet, dass Berichte aus dem eigenen Haus die Zeitschrift inhaltlich dominiert haben. Platte Produktverlautbarungen und endlose Interviews mit dem Vorstandsvorsitzenden haben das schlechte Image von Kundenzeitschriften bei Journalisten begründet. Mit purer Hofberichterstattung konnte man weder bei den Multiplikatoren in den Medien, aber wichtiger noch, auch nicht bei den Kunden punkten. Die Verbraucher, die ja auch andere Informationen über die Unternehmen und deren Produkte aus den Kaufmedien beziehen könnten, sind misstrauisch angesichts ungeschminkter Lobhudelei.

»Die Ausrichtung der Themen ist aber auch ein wichtiger Indikator für das vermittelte Selbstbild eines herausgebenden Unternehmens. [...] Ist der Themenaufbau zu offensichtlich einseitig auf das Unternehmen ausgerichtet, besteht die Gefahr der übertriebenen Selbstdarstellung, was einem positiven Imageaufbau und der Glaubwürdigkeit mehr schaden denn nützen würde« (Eicher 2003, 42).

Das Gros der Kundenzeitschriften hat das erkannt und bemüht sich seitdem in unterschiedlich großem Maße um journalistische Professionalität und damit auch um Glaubwürdigkeit. Man will nicht nur dünnes Werbeblättchen sein, sondern fundierte und glaubwürdige Lektüre bieten. Der Erfolg einer Kundenzeitschrift hängt ursächlich damit zusammen, wie gut sie unternehmensbezogene und unternehmensfremde Themen mischt und darstellt. So erzählen die meisten Kundenzeitschriften längst nicht mehr vom Produkt allein. »Die Produktinformationen sind nicht das Wichtigste«, erklärte Ralf Ueding, ein früherer Geschäftsführer von Hoffmann und Campe Corporate Publishing.

»Ich bekomme ja sowieso den Katalog, die Mailings, den Außendienstvertreter des Unternehmens. Da muss ich nicht noch über die Kundenmagazine das Gleiche kommunizieren. Wenn ich eine positive Hinwendung zum Unternehmen schaffe, egal auf welche Art und Weise, dann habe ich schon einiges erreicht.« (Kruse 2002).

Wer THINK:ACT, die Kundenzeitschrift der Unternehmensberatung Roland Berger in die Hand nimmt, muss schon ein bisschen blättern, bis er die eine oder andere Verbindung zum herausgebenden Unternehmen entdeckt. Man entdeckt sie natürlich auf dem Cover, im Editorial des Chief Executive Officers, im Impressum und einigen wenige Beiträgen. Soviel Zurückhaltung zeugt von großem Selbstbewusstsein und viel Zutrauen an die intelligente Leserschaft. Roland Berger versucht sich als kreativer, wirtschafts- und gesellschaftsfokussierter Think Tank zu positionieren, »ohne dabei den Eindruck einer direkten Promotion des Unternehmens zu erwecken«.

Aber auch wer THE MINI INTERNATIONAL, das Kundenmagazin des BMW Mini, aufschlägt, wird beim Blättern nicht gerade von diesem Auto überrollt. Im Vordergrund der Hefte stehen Lifestyleartikel, in denen es in erster Linie um Großstadt-Kultur und kreatives Design geht. Wie das Heft im Sinne des Unternehmens wirken und ganz nebenbei auch sonst eher kritisch gestimmte Journalisten mit seinem Charme einwickeln kann, hat Clemens Niedenthal treffend in DIE TAGESZEITUNG beschrieben:

> »Mini International, das Heft zum Kleinwagen, widmet […] eine hübsch geratene Themennummer der isländischen Hauptstadt Reykjavik, einem Ort, der zwar kaum größer als der BMW Mini selbst, dafür aber so cool und angesagt ist, wie es die Autobauer auch für ihren mobilen Wiedergänger beanspruchen. All diese kleinen Björks mit den großen Augen, die da durch das isländische Nachtleben wuseln, so die sublime Botschaft der Lifestyle-Postille, würden natürlich auch gerne einen Mini fahren. Oder zumindest ihren Lidstrich im Außenspiegel des geduckten Retro-Renners nachziehen.« (Niedenthal 2003, 18)

Mit Lebensgefühl auf der Überholspur

Andere Automagazine gehen da nicht ganz so zurückhaltend zu Werke, aber auch ihnen ist gemein, dass neben dem Auto immer noch ein Stück Lebensgefühl verkauft werden soll. AVENUE, die Kundenzeitschrift von Peugeot Deutschland, wirbt in den Mediadaten damit, dass die Leser vor allem die Vermittlung französischer Lebensart schätzen würden. Die bevorzugten Themen im Blatt sind konsequenterweise Urlaub und Reisen. Die Kundenzeitschriften im Autosegment versuchen das mit einer Automarke verbundene Image zu festigen und zu stärken. Thomas Schmitz, Dienstleister hinter der Kundenzeitschrift LANCIA MAGAZIN: »Der Autokäufer erwirbt nicht nur Mobilität, er entscheidet sich auch für den Stil und die Ausstrahlung einer

Marke.« Die Kundenzeitschriften sollen das Markengefühl transportieren, und das tun sie mit relativ wenigen Autothemen. Auch bei anderen Herausgebern von Automagazinen werden die Produktvorstellungen und Testberichte zurückgefahren zugunsten von mehr »Non-Car«-Artikeln: Reportagen und Lifestyle füllen die Hefte. Damit wollen alle ihren Anspruch unterstreichen, keine langweiligen Autos zu bauen. Die Themenmischung ist deshalb in der Regel eine Melange aus Reportagen, Bildstrecken und nutzwertigen Reiseteilen. Fast keiner verzichtet auf Interviews mit Prominenten. Die jeweilige Positionierung unterscheidet sich allerdings in Aufmachung und Aufbereitung. Bei größeren Wagenklassen sind die Autoren teurer, die Fotos opulenter und das Papier hochwertiger. Baut der Hersteller mehr Autos für den kleineren Geldbeutel, fällt auch das Kundenmagazin entsprechend aus.

Was thematisch für die Kundenzeitschriften der Automobilindustrie gilt, lässt sich auch auf andere Branchen übertragen. Das Standard-Rezept für den inhaltlichen Teil ist immer ein Teil unternehmensbezogener Themen und ein Teil rezipientenbezogener Themen. Die Themen müssen zum Unternehmen passen und die avisierte Zielgruppe ansprechen. Die unternehmensbezogenen Themen kreisen um die Produkte, Dienstleistungen, Geschäftsentwicklung, Marketing und Politik der Firma, die rezipientenbezogenen Themen sind zumeist Unterhaltungs-, Freizeit- und Ratgeberthemen. Dazu gehören Berichte über aktuelle Trends und Themen, Lifestyle-Reportagen, Porträts von interessanten Menschen, Serviceseiten, Cartoons und Rätsel (Eicher 2003, 42).

Kriterien der Themenauswahl

Eine Befragung von 148 Unternehmen in Nordrhein-Westfalen, die Kundenzeitschriften herausgeben, kam zu dem Ergebnis, dass sechs Kriterien bei der Themenauswahl wesentlich sind (Holzmüller/Bozic 2004, 12):

- Marketingziele
- Kundeninteressen
- Autorenbekanntheit
- formale Gesichtspunkte
- Kostengesichtspunkte
- terminliche Erwägungen

Daraus kann geschlossen werden, dass es neben der Ausrichtung an den Interessen des Unternehmens und den vermeintlichen Leserinteressen auch eine Rolle spielt, mit welchen Autoren man sich schmücken kann bzw. dass so manches Thema nicht den Weg in das Heft findet, weil der finanzielle Aufwand zu groß ist.

Und praktisch keine Kundenzeitschrift verzichtet darauf zu zeigen, wie kompetent sie ist, indem sie immer, wenn redaktionell sinnvoll, Fachleute aus Hochschulen, Ministerien, Verbraucherschutzorganisationen usw. in Stellung bringt.

> »Im Wettbewerb sichert sich derjenige entscheidende Vorteile, der fachliche Kompetenz beweist. Das Kundenmagazin ist dafür die ideale Plattform. Experten informieren über ausgewählte Sachthemen und geben Tipps und Ratschläge. Das Unternehmen vermittelt Know-how und Kompetenz und unterstreicht damit die Qualität und den Wert seiner Produkte und Services« (Schmitz 2004, 18).

Die Kompetenzinszenierung haben die Kundenzeitschriften nicht erfunden, sie ist eine generell im Journalismus beliebte und gebräuchliche Strategie, um Überzeugungskraft und Glaubwürdigkeit zu erreichen. Für Kundenzeitschriften ist sie aber das legitime Mittel, um sich von ihrem Unglaubwürdigkeits-Stigma zu befreien.

Mit ihrer Themenmischung entsprechen Kundenzeitschriften unter inhaltlichen Gesichtspunkten ziemlich genau den Special-Interest-Zeitschriften, die es im Kaufzeitschriftenmarkt gibt.

Die Assets eines Kundenmagazins

Thomas Schmitz, Geschäftsführer des Corporate-Publishing-Dienstleisters »schmitz-komm Medien« in Hamburg zählt auf, welche Aufgaben ein professionell gemachtes Kundenmagazin lösen sollte und gibt damit gleich ein allgemein gültiges Raster für das Inhaltsverzeichnis einer Kundenzeitschrift vor:

Aufgaben eines professionellen Kundenmagazins

1. Kunden ansprechen
Der Kunde legt Wert auf eine persönliche Ansprache – das Editorial bietet dafür den Raum

2. Informationen liefern
Der Magazin- oder Newsbereich enthält kurzteilige Informationen, zum Beispiel zu Unternehmen, Unternehmensumfeld, Produkten, Innovationen, Markt, Politik, Trends.

3. Gesprächsanlässe schaffen
Die Titelgeschichte schildert themenrelevante Ereignisse, stellt komplexe Themen verständlich und unterhaltsam dar, erhellt Hintergründe, weckt Emotionen und schafft Bedürfnisse.

4. Menschen zeigen
Interviews mit und Porträts von Menschen im und um das Unternehmen herum machen es ›anfassbar‹.

5. Produkte vorleben
Mit Hintergrundreportagen zu Produktentwicklung, Materialgewinnung, Herstellungsverfahren oder Beispiele für eine Produktanwendung wird der Kunde auf informativer Ebene an das Produkt herangeführt.

6. Markenbindung fördern
Und das möglichst früh, zum Beispiel mit einem Beitrag ›Kinderseite‹ für die Kinder Ihrer Kunden.

7. Kompetenz vermitteln
Studien, Fachartikel oder Kommentare von Experten zeigen den Lesern, dass das Unternehmen ›über den Tellerrand blickt‹.

8. Kunden binden
Gewinnspiele steigern die Kundenbindung. Sie generieren Informationen für zukünftige Aktivitäten.

9. Response generieren
Dialog: Leserbefragungen, Leserforen, Preisrätsel und Angebote zur Informationsvertiefung (z.B. Internet, Hotline, Beratungswunsch, Katalogbestellung) regen den Kunden an und generieren Kundendaten.

(Schmitz 2004, 17)

Das Kommunikationsinstrument Kundenzeitschrift ist im Vergleich zu anderen Instrumenten im Kommunikationsmix inhaltlich sehr viel weniger eingeschränkt, um die Botschaften des Unternehmens vielseitig und ausführlich mitzuteilen (Müller 1999, 68). Deshalb eignet sich das Medium ganz besonders für Unternehmen, deren Produkte komplex und erklärungsbedürftig sind (zum Beispiel Banken, Handel, Handel, Metall- und Elektroindustrie, Informationstechnologie, Gesundheit, Versicherungen).

6.7 Visuelle Gestaltung

Zur journalistischen Professionalität gehört nicht nur, dass Texte sorgfältig recherchiert und verständlich geschrieben werden, sondern auch dass die Textbotschaften optisch so dargeboten werden, dass der potenzielle Leser sie lesen mag. Mit endlosen Bleiwüsten und briefmarkengroßen Fotos auf grauem Papier ist das nicht zu erreichen. Die Textqualität kann noch so überragend sein, sind nicht grundlegende Erkenntnisse der Präsentation und Leserführung umgesetzt worden, bleiben die Texte ungelesen. Es gibt aber noch zwei weitere Gründe, weshalb die visuelle Gestaltung für den Erfolg einer Kundenzeitschrift so wichtig ist.

Gerade in Zeiten von Informationsflut und Medienvielfalt müssen auch Kundenzeitschriften schon beim ersten Eindruck überzeugen. Der Leser hat nur ein begrenztes Kontingent an Aufmerksamkeit zu verteilen. Er muss sofort emotional so berührt sein, dass er das Heft in die Hand nimmt und aufschlägt oder es wenigstens für die spätere Lektüre beiseite legt. Da seine Erwartungen von Kaufzeitschriften geprägt sind, müssen auch Kundenzeitschriften sich an deren Standards orientieren oder besser noch, sie übertreffen.

Der andere Grund ist die Rückkoppelung zu dem herausgebenden Unternehmen. Ist die visuelle Gestaltung unter dem Niveau des Unternehmens, wird die durch das Kundenmagazin beabsichtigte Wirkung in ihr Gegenteil verkehrt. Was dem Imageaufbau und der Kundenbindung dienen sollte, hat die Abwendung zur Folge. Oder anders formuliert: Bevor ein Unternehmen ein optisch schlecht gemachtes Kundenmagazin herausgibt, sollte es lieber gar keines machen.

Da die meisten Herausgeber von Kundenzeitschriften diese Erkenntnis beherzigt haben, hat die optische Qualität von Kundenzeitschriften in den letzten Jahren spürbar angezogen.

Die Bandbreite indes ist immens. Da gibt es auf der einen Seite lieblos und leseunfreundlich gemachte Magazine wie die in die Jahre gekommene BÄCKERBLUME, das Branchenmagazin der Backfachgeschäfte, auf der anderen Seite optisch ambitionierte und prämierte Titel wie CENTURION, die Kundenzeitschrift von American Express oder CONCEPTS, das Blatt des Baudienstleisters Hochtief.

Was aber macht eine professionell gestaltete Kundenzeitschrift aus? Die wesentlichen Anforderungen lassen sich auf drei reduzieren:

1. Die Kundenzeitschrift muss lesbar sein.
2. Die Kundenzeitschrift muss zum Corporate Design (CD) des herausgebenden Unternehmens passen.
3. Die Kundenzeitschrift muss einen eigenen Charakter haben.

Die Kundenzeitschrift muss lesbar sein

Eigentlich ist es ganz einfach: Kundenzeitschriften brauchen eine klare Struktur. Dazu gehört ein Inhaltsverzeichnis, das auf einen Blick sagt, was sich wo befindet. Dazu gehört die Kennzeichnung der Seiten, so dass der Leser immer weiß, wo er gerade ist. Dazu gehört der übersichtliche Aufbau jeder einzelnen Seite. Elemente wie das Inhaltsverzeichnis, Kolumnen oder das Rätsel, die in jeder Ausgabe auftauchen, sollten immer an derselben Stelle stehen, damit der Leser sie quasi »blind« findet, und nicht durch das Heft »wandern«. Für Klarheit sorgt auch die Verwendung lesbarer Schriften, die Begrenzung der Anzahl der Schriften und eine der Zielgruppe angemessene Schriftgröße. Das klingt in der Kürze so banal und ist in der Praxis so schwer umzusetzen. Um eine auf die Zielgruppe zugeschnittene Bedienerführung hinzubekommen, benötigt man Fachleute, die viel von Design, Typographie, der Wirkung von Farben, von Fotos, Heftdramaturgie und der Struktur von Artikeln verstehen.

Weil dieses Know-how in den Marketingabteilungen der Unternehmen häufig nicht vorhanden ist, vergeben viele Herausgeber den Auftrag für die grafische Gestaltung des Kundenmagazins an externe Dienstleister.

Die Kundenzeitschrift muss zum Corporate Design passen

Diese Aussage stimmt grundsätzlich und muss im Folgenden dennoch relativiert werden. Jedes größere Unternehmen hat im Corporate Design (CD) verbindlich festgelegt, wie sich das Unternehmen visuell nach außen zu präsentieren hat. Das CD definiert das grafische System des Hauses. Dazu gehören die auf Anzeigen, Briefbögen und im Geschäftsbericht zu verwendenden Schriften, Schriftschnitte und -größen, eine Farbpalette und auch das Firmenlogo. Im seltensten Fall ist aber bei der Festlegung des grafischen Systems an die Herausgabe einer Zeitschrift gedacht worden. Eine Eins-zu-eins-Umsetzung wirkt sich nicht unbedingt positiv auf das Endprodukt aus.

> »Erfahrene Magazinlayouter, die Editorial-Designer, warnen gar vor einer zu sklavischen Übernahme der CD-Richtlinien. Denn was für Anzeigen und Broschüren essentiell ist – dass nämlich Unternehmen und Produkt sofort erfasst werden – kann über 30 oder gar 100 Seiten im Magazin völlig kontraproduktiv wirken: Die Gleichförmigkeit von Schrift und Farbe degradiert das Magazin zum unternehmerischen Verlautbarungsorgan ohne Geist und Witz« (Deutsche Post o. J. 84).

Bei der Optik ist es ganz ähnlich wie bei den Inhalten. Da man mit platten Unternehmensverlautbarungen keine Glaubwürdigkeit erreichen kann, werden die dahinter stehenden Botschaften aufwändig journalistisch aufbereitet und in einen an den Leserinteressen orientierten Kontext gestellt. Genauso verhält es sich mit der visuellen Gestaltung. Das Corporate-Design-Handbuch steht bei der Gestaltung im Hintergrund, es liefert Anhaltspunkte, ist aber keine Vorschrift. Diese Erfahrung hat auch Horst Moser gemacht. Moser, der mit seiner Firma indenpendent Medien-Design auf die visuelle Gestaltung von Kundenmagazinen spezialisiert ist, ist sich sicher, dass eine Zeitschrift anderen Gesetzen unterliegt als ein Geschäftsbericht, die Geschäftsausstattung, das Messedesign oder die Beschriftung der Firmen-Lastwagen.

»Die Entscheidung für das Medium wird ja gerade deshalb getroffen, um Informationen in objektivere Gewänder zu hüllen. Werbegeruch soll vermieden werden. Dennoch darf die Summe aller Äußerungen eines Unternehmens keinesfalls diffus erscheinen« (Moser 2002, 39).

Möglicherweise ist es nur die Firmenfarbe im Logo, die die Verbindung zum Absender liefert. Beim MICROSOFT MAGAZIN klammerten die vier Windows-Farben Blau, Rot, Gelb und Grün, die für die vier Buchkapitel des Heftes stehen (Management = rot; Microsoft = blau; Märkte = grün; Menschen = gelb), das Corporate Design des Unternehmens und die Zeitschrift.

Die Kundenzeitschrift braucht einen eigenen Charakter

Wenn man die wöchentlichen Frauenzeitschriften LAURA, LISA und LEA nebeneinander legt, wird man auf den ersten und auch auf den zweiten Blick kaum einen Unterschied erkennen, obwohl jedes dieser Blätter aus einem anderen Verlag kommt. So ähnlich sind sie sich in Inhalten, in Bildsprache und im Titel. Es sind klassische Me-Too-Produkte, deren eigenes Profil nur Spezialisten erkennen können. Alle drei Titel haben dieselbe Zielgruppe im Visier und der Markt ist groß genug, dass alle drei Blätter von ihm leben können. Für den Imageaufbau der herausgebenden Verlage Bauer (LAURA), Burda (LISA) und Klambt (LEA) haben die Blätter kaum eine Bedeutung. Was bei Kaufzeitschriften geht, solange die Rendite stimmt, ist bei Kundenzeitschriften kontraproduktiv. Sie brauchen ein eigenes unverwechselbares Profil. Natürlich geschieht die Profilierung auch über die Themenauswahl, aber noch offensichtlicher über die visuelle Gestaltung der Zeitschrift.

Die Kundenzeitschrift muss über ihre visuelle Gestaltung den Geist der Firma transportieren. Gibt sich das Unternehmen insgesamt sehr jung und sehr dynamisch, sollte sich dieses Feuer auch in der Gestaltung der Kundenzeitschrift spiegeln. Ist der Herausgeber strikt auf Seriosität bedacht und zurückhaltend in seinem öffentlichen Auftreten, passt sich die grafische Gestaltung diesem Wesen an. Für Discounter wie Aldi oder Lidl würde es keinen Sinn machen, eine Kundenzeitschrift aufzulegen, die auf satiniertem 90-Gramm-Papier aufwändige Bildreportagen in edler Typografie zeigt. Eine Bank macht einen Kommunikationsfehler, wenn ihr Magazin für vermögende Privatanleger als Acht-Seiten-Postille auf Zeitungspapier daherkommt. Jedes Mal, wenn die Diskrepanz zwischen Kundenzeitschrift und Unternehmens-Philosophie aus Sicht der Kunden zu groß ist, entsteht ein Imageschaden. Das Design der Kundenzeitschrift muss dem Unternehmen passen wie ein individuell angefertigter Maßanzug. Besonders eindrücklich hat das der Mediendesigner Horst Moser formuliert:

> »Zeitschriften sind Individuen. Sie können zu Persönlichkeiten reifen, in deren Gesellschaft man sich wohl fühlt; und je origineller und überraschender sie sind, desto mehr Zeit verbringt man mit ihnen. Charakterlose Schaufensterpuppen, grauschleierige Attrappen, gesichtslose Humunculi haben keine Ausstrahlung, sie sind völlig unfähig, Bindung oder gar Freundschaft zu erzeugen. Sie sind papierne Vogelscheuchen, die die Leser vertreiben« (Moser 2002, 40).

Die Bilder sind so wichtig wie die Texte

> »Die tragenden Säulen eines modernen Magazins sind der fundierte Text und die Bilder. Beide stehen gleichberechtigt nebeneinander, eifersüchtig darauf achtend, dass der andere nicht überproportional Raum für seinen Part beansprucht. Die Schreibe ist der Geist des Blattes, die Bilder sind die Seele« (Behnken 2002, 31).

Wenn Wolfgang Behnken, langjähriger Art Director der Illustrierten STERN, Recht hat mit seiner Auffassung über die Rolle der Bilder in Zeitschriften – und er hat Recht! – dann sind etliche Kundenzeitschriften seelenlos. Sie werden von der ersten bis zur letzten Seite mit so genannten Symbolfotos aus den Katalogbeständen großer Agenturen bestückt. Geht es in einem Artikel um das Thema Radfahren, sieht man auf dem dazugehörigen Bild irgendeinen Radfahrer in die Pedalen treten, geht es um das Thema Geldanlage, sieht man das adrette junge Pärchen mit dem ebenso adretten jungen Berater der Bank am Schreibtisch sitzen. Alle drei gut aussehend, gut gekleidet und mit einem strahlenden Zahnpastalächeln. Derart steril kommt ein Großteil der Kundenzeitschriften daher und liefert damit den unfreiwilligen Beweis dafür, dass viele Verantwortliche ihr Handwerk nicht verstehen.

Bilder allgemein haben gegenüber Text den immensen Vorteil, dass man sie schneller erfassen und sich häufig auch besser an sie erinnern kann. Ihr Aktivierungspotential ist besonders hoch, was die Vermittlung emotionaler Inhalte angeht. Damit eignen sie sich besonders gut zur Imagegestaltung. Das funktioniert allerdings nur mit Fotos, die authentisch sind. Austauschbare und profillose Werbebilder, wie sie gerne eingesetzt werden, weil man sie mittlerweile häufig sogar kostenlos bekommen kann, haben diesen Effekt nicht. Bei ihnen reicht es mit Mühe und Not aus, das Thema zu symbolisieren. Gut sind Bilder dann, wenn sie nicht nur dem Verständnis der Botschaft dienen, sondern auch noch deren Glaubwürdigkeit unterstützen. Das geht nur mit Bildern, die einen konkreten Bezug zu den Textinhalten haben und von den Betrachtern als echt erlebt werden. Im Umkehrschluss heißt das, dass eine Kundenzeitschrift, die ausschließlich mit Symbolbildern aus dem Werbekatalog bestückt wird, nicht glaubwürdig sein kann. Weiterhin kann man derart auch kein eigenes Profil erwerben. Der professionelle Weg sieht anders aus:

> »Die ›ideale‹ Bildsprache im Kundenmagazin erfüllt zwei Voraussetzungen. Sie spiegelt die Markenwerte des herausgebenden Unternehmens wieder und orientiert sich an der Lebenswelt des Lesers. Um ihn in dieser Welt ›abzuholen‹ bieten sich authentische Reportagefotos an, die jegliche werbliche Anmutung vermeiden und deshalb mehr Glaubwürdigkeit vermitteln.«

Denn »Im Zweifel«, so argumentiert Thomas Schmitz weiter, »wird der Empfänger des Kundenmagazins immer erkennen, ob auf einem Foto tatsächlich eine Arbeiterin an der Stanze steht oder ob sich ein Top-Model dorthin verirrt hat« (Schmitz 2004, 63).

Der Grund, warum mancher Kundenzeitschriftenmacher dennoch auf Stock-Fotos vertrauen muss, hat mit den Kosten zu tun. Authentizität über eigene Fotoshootings zu produzieren ist kostspielig und arbeitsaufwändig.

Der Zwang zum Re-Design

Weil sich Unternehmen genauso wandeln können wie die sie umgebende Gesellschaft, muss das Design der Kundenzeitschrift regelmäßig auf seine Funktionalität hin überprüft werden. Kundenzeitschriften, die jetzt noch modern wirken, können in einem Jahr schon ganz alt aussehen. Trends aus der Mode oder aus anderen Medien beeinflussen die Gestaltung und sollten regelmäßig angepasst werden. In den Neunzigerjahren war es die Benutzeroberfläche der Windows-Software, die mit ihren Buttons und Pfeilen auch die Zeitschriftengestaltung verändert hat. Sind die Models in der Mode hager und hungrig, hat dieses Phänomen Einfluss auf die Titelbilder so mancher Zeitschrift. Auch die Macher von Kundenzeitschriften müssen auf solche Trends reagieren. Besonders schnell, wenn die Zielgruppe jung und trendbewusst ist, etwas langsamer, wenn die Zielgruppe eher älter und wertkonservativ ist. Die Zyklen, in denen Zeitschriften überarbeitet werden, sind kürzer geworden. Der Kundenzeitschriften-Designer Horst Moser stellt fest:

> »Durch Übersättigung der Märkte steigt der Bedarf an aufmerksamkeitsheischenden Signalen. Insofern nützt sich die Optik immer schneller ab und macht Redesigns im Zwei- bis Dreijahrestakt erforderlich« (Deutsche Post o. J., 85).

Visuelle Gestaltung im Unternehmenssinne auf den Punkt zu bringen, ist eine schwere Aufgabe und in den Unternehmen selbst häufig kaum zu leisten. Mögen manche Unternehmen in ihren PR-Abteilungen noch über erfahrene Textredakteure verfügen, so hat kaum ein Unternehmen außerhalb der Medien auch einen angestellten Art Director. Deshalb muss diese Leistung in der Regel außerhalb eingekauft werden. In Deutschland gibt es inzwischen einige Profis, die sich über ihre Arbeit einen respektablen Namen erworben haben. So steht Mike Meiré, der neben der Kaufzeitschrift BRAND EINS auch die vielfach prämierten Kundenzeitschriften MCK WISSEN (inzwischen eingestellt) und THE MINI INTERNATIONAL grafisch verantwortet, eher für ein avantgardistisches Design. Der in diesem Kapitel mehrfach zitierte Horst Moser (LEICA WORLD, BLEIB GESUND) und sein Kollege Helmut Ortner (BUCHJOURNAL, AOK C@RE) repräsentieren ein eher flexibles Design, das sich perfekt den Bedürfnissen der Auftraggeber anzupassen vermag und dennoch eigenständig genug ist, um auch Preise zu gewinnen.

Mit dem eigenen Kundenmagazin bei Ehrungen ganz vorne dabei zu sein, wird für Kundenzeitschriften zunehmend wichtiger, da die Preisverleihung zum Beispiel beim jährlichen Best of Corporate Publishing Award zwar nicht bei der Verkaufsförderung hilft, für den zielgerichteten Imageaufbau eines Unternehmens aber ein bedeutsamer Baustein sein kann.

6.8 Wirkung und Kontrolle

Der Erfolg einer Kaufzeitschrift lässt sich einfach ermitteln. Bleibt nach Abzug der Kosten von den Einnahmen ein Rest, so ist das der Gewinn. Je höher der Gewinn ausfällt, desto erfolgreicher ist die Zeitschrift, wenn der Maßstab ein rein kommerzieller ist. Diese Rechnung geht bei Kundenzeitschriften nicht auf. Die Kosten übersteigen die Erlöse durch Copypreis und Fremdanzeigen im Normalfall bei weitem. Aber Unternehmen gründen Kundenzeitschriften ja nicht, weil sie als Verlage tätig werden wollen, sondern weil sie die Kundenzeitschrift als Marketinginstrument einsetzen wollen. Der Erfolg kann von daher nicht in betriebswirtschaftlichen Kategorien direkt am Objekt gemessen werden, sondern muss anderweitig ermittelt werden. Da Kundenzeitschriften die Kundenloyalität und das Image eines Unternehmens verbessern bzw. Neukunden gewinnen und den Absatz fördern wollen, muss der Erfolg in diesen Kategorien erhoben werden.

Umso mehr erstaunt es, dass der in den Neunzigerjahren beginnende Boom des zweiten Zeitschriftenmarktes nicht auf zählbaren Erfolgen, sondern lediglich auf dem festen Glauben aller Beteiligten fußte. So hat sich die Auffassung, dass eine Zeitschrift mit eigenständigen journalistischen Inhalten sehr viel Glaubwürdigkeit vermittelt, was Broschüren oder Werbung so nicht leisten können, als Glaubensgrundsatz förderlich für den Boom der Kundenmagazine ausgewirkt, ohne dass es über Jahrzehnte objektive Beweise für diese These gab. Vereinfacht gesagt: Kundenzeitschriften waren erfolgreich, wenn ihre Macher sie für erfolgreich hielten, das heißt, wenn sie den eigenen Erwartungen entsprachen oder diese sogar übertrafen.

2001 stellte eine vom Forum Corporate Publishing bei der Universität St. Gallen und dem Hamburger Institut MW research in Auftrag gegebenen Studie fest, dass alle Unternehmen hohe Erwartungen mit der Herausgabe einer Kundenzeitschrift verbinden. Die Herausgeber (unter anderem von Lufthansa, Daimler-Chrysler, Wüstenrot, Beiersdorf Nivea) wollten vor allem die Bindung an das Unternehmen und das Image stärken. Außerdem wollten sie ihr Profil schärfen und sich gegen Konkurrenten abgrenzen, Servicekompetenz und Kundenfreundlichkeit beweisen. Mehr als die Hälfte erwartete auch eine den Absatz belebende Wirkung. Die Studie stellte fest, dass die untersuchten Publikationen mit journalistischer Qualität und hohem

Anspruch bei der visuellen Gestaltung, Glaubwürdigkeit und Nutzwert überzeugten. Aber:

> »Die Firmen verlassen sich bei der Beurteilung ihrer Zeitschriften weit gehend auf ihre eigene subjektive Meinung. Dies sei umso erstaunlicher, als viele Unternehmen sich bei der Evaluation ihrer anderen Kommunikations- und Marketinginstrumente modernster und ausgefeiltester Forschungsmethoden bedienten, etwa bei Produkttests, Bekanntheits- und Imageuntersuchungen, bei der Absatzforschung oder bei Analysen der Kundenzufriedenheit. Dagegen werde die Wirksamkeit von Kundenzeitschriften, wenn überhaupt, nur durch sporadische Befragungen überprüft« (Koschnik 2004, o. S.).

Tatsächlich konnten die Herausgeber über Jahre nur vermuten, ob ihr Magazin überhaupt und wenn ja, wie intensiv und mit welchen Auswirkungen von den Kunden gelesen wurde. Das hat lange weder die Herausgeber noch die Mediendienstleister gestört, weil alle dasselbe glaubten und die überaus positive Entwicklung des Gesamtmarktes als Beleg für die Wirksamkeit ausreichte. Dass die Anzeigenvermarktung schon immer darunter litt, dass man der werbetreibenden Wirtschaft und den Mediaplanern in den Agenturen keine genauen Leserschaftsdaten nennen konnte, störte nicht, solange alle ein gutes Gefühl hatten. Es fehlten allgemein akzeptierte Werkzeuge zur Wirkungsmessung wie sie im Markt der Kaufzeitschriften zum Beispiel mit der Allensbacher Markt- und Werbeträgeranalyse (AWA) und der Mediaanalyse (MA) existieren.

Mittlerweile hat die Branche einige Anstrengungen unternommen, um die unbefriedigende Situation teilweise zu verbessern. Da auch der Kundenzeitschriftenmarkt nicht mehr mit der Dynamik der Neunzigerjahre wächst, benötigen vor allem die Mediendienstleister valide Wirkungsargumente für den weiteren Geschäftserfolg. Hinzuweisen ist vor allem auf drei Untersuchungen, die insgesamt ein wenig mehr Klarheit über die Wirkungen von Kundenzeitschriften gebracht haben:

1. Allensbacher Relation-Media Analyse (ARMAda)
2. CP-Standard von TNS Emid
3. Studie der Universität Dortmund

Allensbacher Relation-Media Analyse (ARMAda)

Seit Jahren untersucht die Allensbacher Markt- und Werbeträgeranalyse (AWA) die Reichweite von Zeitungen und Zeitschriften. Die Reichweite gibt die Zahl der tatsächlichen Leser einer Zeitschrift an und ist ein relevantes Indiz für deren Werbewirksamkeit. Die Vergabe ganzer Werbeetats wird bisweilen auf Basis dieser Daten entschieden. Von den 7.000 Kundenzeitschriften allerdings findet man nur ein paar Apothekenmagazine in dieser Untersuchung. Folglich haben die meisten Kundenzeitschriften keine Chancen, im Rahmen von Anzeigenkampagnen berücksichtigt zu werden und die Anzeigen von großen Markeartiklern zu erhalten. Um in die AWA aufgenommen zu werden und um mit Kaufzeitschriften verglichen werden zu können, muss eine Zeitschrift mindestens sechsmal pro Jahr erscheinen. Dieses Kriterium erfüllt das Gros der Kundenmagazine, das nur viermal erscheint, nicht. Kritiker allerdings bemängeln, dass die Erscheinungsfrequenz nicht ausschlaggebend sein könne. Schließlich seien die Zielgruppen etwa von Special-Interest-Magazinen und Kundenmagazinen oft ähnlich – wenn nicht gar identisch. Die Leser des Special-Interest MOTOR KLASSIK zum Beispiel (erscheint monatlich und ist in der AWA) und die des Kundenmagazins MERCEDES-BENZ CLASSIC (erscheint quartalsweise und ist nicht in der AWA) seien nahezu gleich und hätten dieselben Interessen und Konsumgewohnheiten.

Um diese Differenzen zu überbrücken und eine methodische Vergleichbarkeit zwischen Kauftiteln und Kundenzeitschriften zu erreichen, führte das Allensbacher Institut im Frühjahr 2000 eine eigene Reichweitenstudie für Kundenzeitschriften durch: die Allensbacher Relation-Media-Analyse (ARMAda). Im Rahmen dieser Pilotstudie wurden 2.300 erwachsene Bundesbürger nach ihrer Nutzung von Kundenzeitschriften (61 Kundentitel aus acht Themenbereichen) befragt. Die wichtigsten Ergebnisse waren:

- hohe Beachtung: Kundenzeitschriften werden in hohem Maße wahrgenommen und gelesen. Das Vorurteil, dass kostenlose Kundenzeitschriften weniger Beachtung finden als Kaufzeitschriften, ist damit widerlegt. Vier Fünftel der Bevölkerung lesen Kundenmagazine. Rund 40 Prozent lesen diese Magazine sogar »mit großem Interesse«.
- Nutzwert: 50 Prozent der Befragten erklärten: »Man bekommt dort viele nützliche Tipps und Hinweise«. 34 Prozent unterschrieben die Aussage: »Durch so eine Zeitschrift bin ich schon häufiger auf Produkte aufmerksam geworden, die ich hinterher gekauft habe.«

- Zielgruppenaffinität: In der Nähe zu ihren Zielgruppen sind Kundenmagazine den Kaufzeitschriften überlegen, da sie überwiegend von Intensivkonsumenten gelesen werden.
- Kundenbindung: Während im Durchschnitt der Bevölkerung nur ein Viertel ein besonderes Interesse an Musik-CDs bekundet, sind es bei den Lesern von Kundenzeitschriften im Bereich Musik mehr als die Hälfte (57 Prozent). Während im Bevölkerungsschnitt nur 20 Prozent ein Interesse an Automobilen haben, sind es bei den Lesern von Kundenzeitschriften aus dem Bereich Verkehr 30 Prozent.

Trotz vieler positiver Trendaussagen ist auf diese Pilotstudie bis heute keine Hauptstudie gefolgt. Um auch die Struktur und Leserschaft einzelner Kundenzeitschriften erheben zu können, müsste die Zahl der Befragten auf über 10.000 aufgestockt werden. Die damit verbundene Finanzierungsfrage konnte bisher nicht gelöst werden. Unter den Corporate-Publishing-Dienstleistern bemühen sich bislang lediglich einige wenige Große um eine Fortführung bzw. um die Aufnahme der eigenen Titel in die AWA.

CP-Standard von TNS Emnid

Vor dem Hintergrund, dass die Kundenzeitschriften auf Dauer eine zuverlässige Messung des Marketingerfolgs anbieten müssen, um sich auch als Werbeträger qualifizieren zu können, bieten die Marktforscher von TNS Emnid aus Bielefeld seit 2003 ein Werkzeug an, das gemeinsam mit dem Forum Corporate Publishing entwickelt wurde und das sie CP-Standard nennen. Mit CP-Standard können die zentralen Erfolgsfaktoren einzelner Kundenzeitschriften gemessen und deren Kundenwirkung systematisch erfasst werden. Der Forschungsansatz beansprucht für sich, folgende Faktoren zu ermitteln:

- die Nutzung und Bewertung der Angebote durch die Kunden,
- die Unterstützung der Kommunikations- und Marketingziele des Unternehmens und
- die Leistungsfähigkeit für das Anzeigenmarketing.

CP-Standard besteht aus drei einzelnen Modulen:

- *CP Basics*
  In diesem Baustein werden die grundsätzlichen Nutzungs- und Bewertungsdaten einer Kundenzeitschrift erhoben (Nutzungsintensität, Nutzungshäufigkeit, Titelprofil, Zufriedenheit, Leser-Blatt-Bindung). Die

Erfolg

Ergebnisse werden zu einem Nutzungs- und Bewertungsindex zusammengefasst und durch die soziografischen Daten der Leser ergänzt.
- CP Impact
  Mit diesem Baustein soll der geleistete Imagetransfer in der Zielgruppe der Kundenzeitschrift gemessen werden.
- CP Target
  Der dritte Baustein ermittelt die Stärke der Kundenbindung. Die Kundenbindung der Leser der Kundenzeitschrift kann dann mit der Bindung von Nichtlesern verglichen werden.

Da die drei Module miteinander verknüpft sind, können auch Wirkungszusammenhänge offen gelegt werden. Nach CP-Standard ist eine Kundenzeitschrift dann erfolgreich, »wenn sie

a) regelmäßig und intensiv genutzt und positiv bewertet wird,
b) die kommunikativen Botschaften überzeugend vermittelt und darauf aufbauend das Image unterstützt und stärkt und
c) einen Beitrag zur Erhöhung der Kundenbindung leistet!« (TNS Emnid)

Erstes Testobjekt für das neue Werkzeug CP-Standard war im Jahr 2003 das AUDI MAGAZIN. Für dieses Beispiel sind genauere Resultate bekannt. Sie werden im Folgenden zusammengefasst.

Ende 2002 wollte die Audi AG wissen, wie groß der Einfluss des AUDI MAGAZINS auf das Markenimage und die Kundenbindung ist. Die Herausgeber stellten ihr Magazin für den ersten Testlauf von CP-Standard zur Verfügung. Für die Studie wählten die Mitarbeiter von TNS Emnid 250 Bezieher des AUDI MAGAZIN und als Kontrollgruppe 150 Audifahrer aus, die die Zeitschrift nicht erhalten. Beide Gruppen wurden gleich gewichtet, so dass sie in Geschlecht, Alter und genutztem Fahrzeugmodell übereinstimmten.

Die Ergebnisse der Studie brachten für das AUDI MAGAZIN überwiegend gute Nachrichten. Die Emnid-Experten halten folgenden Wirkungszusammenhang für belegt: Weil die Empfänger das AUDI MAGAZIN erhalten und lesen, haben sie ein positiveres Bild vom Unternehmen und sind stärker an die Audi AG gebunden (Baumgart 2003, 38). Die Wechselbereitschaft von AUDI MAGAZIN-Lesern ist deutlich geringer ausgeprägt als die von Nicht-Lesern.

Laut Studie wird die Kundenzeitschrift regelmäßig und intensiv genutzt. Wer das Magazin erhält, liest es auch. 70 Prozent der Befragten würden das Magazin einem Freund zur Lektüre weiterempfehlen, allerdings würde nur jeder zweite Leser das Magazin vermissen, wenn er es einmal nicht erhält. Für die Leser-Blatt-Bindung heißt das, dass die Leser eher eine rationale als eine emotionale Bindung an das AUDI MAGAZIN haben (Baumgart 2003, 36).

Zu den Stärken des AUDI MAGAZIN gehören für die Befragten die fachlich kompetente und glaubwürdige Berichterstattung, die verständliche Aufbereitung der Themen und die ansprechende Gestaltung. Kritisiert wurde allenfalls die Auswahl und Mischung der redaktionellen Inhalte. Auch der konkrete Nutzwert und die Exklusivität der Berichterstattung könnten besser sein. Aber: »Im Ergebnis wird dem AUDI MAGAZIN als Kommunikationsinstrument ein hohes Maß an Überzeugungsleistung bescheinigt« (Baumgart 2003, 36).

Bis 2009 hatten etwa 60 Kundenzeitschriften CP-Standard angewendet, darunter unter anderem COMPASS, die Kundenzeitschrift der Commerzbank, DAS HAUS von der Bausparkasse Wüstenrot und CHRISMON, ein Magazin der evangelischen Kirchen, das verschiedenen Zeitungen beigelegt wird. Die Einzel-Ergebnisse sind nicht öffentlich zugänglich, sollen sich in den Kernaussagen aber ähneln. So stehen die Leser von Kundenzeitschriften dem Unternehmen durchweg positiver gegenüber als vergleichbare Nicht-Leser. Laut TNS Emnid gehört es zu den gesicherten Erkenntnissen, dass Kundenzeitschriften die Bindung von Kunden zum Unternehmen verstärken können: »Leser des Kundenmagazins haben eine deutlich stärkere Bindung an das Unternehmen, als die Nicht-Leser, die auch Kunden sind« (TNS Emnid 2010, 15).

Studie der Universität Dortmund

Auch eine 2004 am Marketing-Lehrstuhl der Universität Dortmund entstandene Studie, die von der Deutschen Post und einem lokalen Kundenzeitschriften-Dienstleister angeschoben und unterstützt wurde, beschäftigte sich nicht nur mit der Finanzierung von Kundenzeitschriften, mit den Inhalten und mit dem Vertrieb, sondern auch mit dem Wirkungsgrad von Kundenzeitschriften. Da die Initiatoren die Ergebnisse der Untersuchung unter dem Titel »Kundenzeitschriften. Eine Erfolgsstory« als Broschüre veröffentlicht haben, weiß man sofort, zu welchem Resultat die Dortmunder Forscher gekommen sind (Holzmüller/Bozic 2004). Die Ergebnisse der Studie basieren auf 148 Fragebögen, die von Unternehmen in Nordrhein-Westfalen beantwortet wurden.

Die befragten Unternehmen attestieren der Kundenzeitschrift einen hohen Stellenwert. Im Vergleich mit anderen Instrumenten der Unternehmenskommunikation steht die Kundenzeitschrift auf Platz zwei, direkt nach dem persönlichen Verkauf und noch vor dem Direkt-Marketing und vor der

Werbung. Der Stellenwert wird nach Ansicht der Forscher unterstrichen durch die Budgetplanung der Unternehmen. 27,8 Prozent wollten das Budget für die Kundenzeitschrift anheben und immerhin 60,4 Prozent stabil halten. »Dies ist umso beachtlicher, als die Ausgaben für Anzeigen in den letzten Jahren in sehr starkem Maße eingeschränkt wurden« (Holzmüller/Bozic 2004, 2).

Die Herausgeber wurden auch danach befragt, welche Kriterien für den Erfolg einer Kundenzeitschrift maßgeblich sind. Die zahlreichen Meinungsäußerungen, die die Forscher erhielten, verdichteten sie zu drei wesentlichen Erfolgsfaktoren:

- *Erfolgsfaktor »integrierte Führung«*
  Die Kundenzeitschrift muss im Unternehmen gut verankert sein. Merkmale sind die ständige Anpassung der Kundenzeitschrift, die gut abgestimmte Zusammenarbeit zwischen den einzelnen Arbeitsgruppen, die hohe Motivation aller Redaktionsmitglieder, der hohe Stellenwert innerhalb des Kommunikations-Mix des Unternehmens und die gute Harmonie mit den anderen Instrumenten der Unternehmenskommunikation.
- *Erfolgsfaktor »gezielte Leserorientierung«*
  Die Macher müssen die Bedürfnisse der Zielkunden kennen. Merkmale sind die hohe Glaubwürdigkeit der Informationen, die sehr gute Befriedigung der Leser-/Kundenbedürfnisse durch die Kundenzeitschrift und die Beachtung des Informationsniveaus der Leser/Kunden.
- *Erfolgsfaktor »Erfolgsanalyse«*
  Die Macher müssen den Erfolg überprüfen.

Bei der Befragung kam allerdings auch heraus, dass nur etwa die Hälfte der Herausgeber versucht, den Erfolg der eigenen Kundenzeitschrift zum Beispiel durch eigene Leserbefragungen, Copytests, Coupon-Aktionen oder Benchmarkstudien zu kontrollieren (54,8 Prozent). Und nur 30 Prozent kontrollieren regelmäßig und kontinuierlich. Die meisten Unternehmen ziehen zur Erfolgskontrolle Rückläufe aus Coupon-Aktionen heran, befragen die Leser oder den Außendienst. Obwohl der Erfolg nicht überall kontrolliert wird, sind Kundenzeitschriften aus Sicht der Herausgeber ein sehr erfolgreiches Kommunikationsinstrument. Beinahe drei Viertel (73,7 Prozent) bewerten den Gesamterfolg ihrer Kundenzeitschrift als hoch oder sehr hoch. Nur drei Titel wurden als nicht erfolgreich oder nur wenig erfolgreich eingeschätzt.

7 Praxis

7.1 Gründe für eine Kundenzeitschrift

Das vorliegende Buch will nicht nur das vorhandene Wissen über den deutschsprachigen Markt der Kundenzeitschriften darstellen, sondern auch in kompakter Form zeigen, was zu bedenken und zu berücksichtigen ist, wenn eine Kundenzeitschrift geplant und realisiert wird.

Grundüberlegungen

Ganz am Anfang steht die Grundüberlegung: Warum überhaupt eine Kundenzeitschrift machen?

Unternehmen haben verschiedene Möglichkeiten, mit ihren Kunden Kontakt aufzunehmen. Sie können in Zeitschriften und Zeitungen Anzeigen schalten und in Fernsehen und Radio Spots laufen lassen, die die Kunden auf neue Produkte aufmerksam machen oder einfach nur sagen, wie toll das Unternehmen ist. In dieselben Medien können sie auch kommen, wenn sie ihre Botschaften journalistisch verpacken und als Pressemitteilungen versenden. Wenn ihnen diese Wege zu teuer oder die Streuverluste zu groß sind, weil eben nicht nur ihre Kunden, sondern auch ganz viele andere Menschen den TV-Spot sehen, die gleichwohl mitbezahlt werden müssen, dann können sie auch auf Messen gehen, wo man die eigenen Kunden vielleicht präzise und persönlich trifft. Aber der persönliche Kundenkontakt ist kostspielig, und die Zahl der Kunden, die man auf diese Art erreichen kann, ist gering. Außerdem finden Messen nicht monatlich statt, so dass man keine Möglichkeiten hat, einen kontinuierlichen Kontakt herzustellen. Also was tun? Natürlich übertrifft die Kundenzeitschrift die genannten Medien nicht alle, aber in bestimmten Kommunikationssituationen kann sie das adäquate Mittel sein, mit den eigenen Kunden in Beziehung zu treten. Denn fast alle Unternehmen stehen vor denselben Herausforderungen: Die Kunden werden immer mobiler, sie wandern schneller zur Konkurrenz ab und sind gegenüber reiner Werbung zunehmend skeptischer geworden. Deshalb nutzen zunehmend mehr Unternehmen das Corporate Publishing als vertrauensbildendes Marketinginstrument. Sie erreichen ihre Neu- und Bestandskunden mit informativer und glaubwürdiger Berichterstattung, die zudem regelmäßig immer wieder neu den Kontakt festigt. Das hat zum Beispiel. eine Studie des Lehrstuhls für Marketing an der Universität Dortmund bestätigt, bei der 327 Firmen in Nordrhein-Westfalen befragt wurden, die eine Kundenzeitschrift herausgeben (Deutsche Post AG 2004, o. S.).

Vereinfacht gesagt macht eine Kundenzeitschrift dann Sinn, wenn ein Unternehmen in einem stark vom Wettbewerb geprägten Markt bei genauer Kenntnis der eigenen Kunden kontinuierlich die eigene Fachkompetenz betonen und Informationen über Angebotsleistungen vermitteln will, um den Kunden einen Mehrwert zu bieten und das eigene Image zu steigern. Das könnte man auch über Werbung erreichen, aber die Kundenzeitschrift bietet im Vergleich einige mediumsspezifische Vorteile.

- *Freiwilligkeit*
  Der Kunde entscheidet selbst, ob er die Zeitschrift aus dem Ladengeschäft oder am Messestand mitnimmt und sie dann zuhause liest. Auch wenn ihm die Zeitschrift in den Briefkasten gesteckt wird, entscheidet er, ob er sie liest oder wegwirft. Da auch bezahlte Abonnementzeitschriften mit der Post ins Haus kommen und viele Kundenzeitschriften den Vergleich nicht zu scheuen brauchen, wird die hohe Wertigkeit in vielen Fällen verhindern, dass das Kundenmagazin auf dem direkten Weg in den Papierkorb wandert.
- *Komfort*
  Der Kunde entscheidet selbst, wann und wo er sich der Kundenzeitschrift zuwendet. In der Regel wird das an einem Platz sein (zuhause), wo er die nötige Ruhe hat, um sich entspannt der Lektüre zu widmen. Das ist eine gute Basis, um gut aufbereitete Unternehmensinformationen mit Interesse und wohlwollend zu verfolgen.
- *Raum*
  Das Medium Zeitschrift bietet mehr Platz als eine Anzeige oder ein Hörfunkspot, um auch komplexe Produkte wie eine Software oder Dienstleistungen wie eine Versicherung ausführlich und verständlich zu erklären.

Neben den mediumspezifischen Vorteilen gibt es eine Reihe von Gründen, die aufzeigen, welche Aufgabenstellungen im Marketingalltag von Unternehmen durch den Einsatz einer Kundenzeitschrift effizient abgearbeitet werden können. Bernd Möhlmann, Mitarbeiter des Corporate Publishing

Dienstleisters schmitz-komm.de Medien GmbH zählt insgesamt zehn essenzielle Gründe für ein Kundenmagazin auf (Möhlmann 2002, 8). Sie werden im Folgenden in überarbeiteter Form genannt:

- *Grund 1: Kunden binden*
  Eine individuelle Beziehung zum Kunden bringt langfristig Erfolg versprechende Wettbewerbsvorteile. Die Kundenzeitschrift trägt maßgeblich zur Kundenbindung und Kundenorientierung bei. Sie schafft Kaufanreize und unterstützt den Prozess der Kaufentscheidung.
- *Grund 2: Dialog fördern*
  Response-Elemente animieren den Kunden zum Dialog mit dem Unternehmen und geben Antwort auf die Kernfragen jeder Unternehmenskommunikation: Wer sind meine Kunden, wo liegen ihre Bedürfnisse und wie erreiche ich sie am besten? Zusatznutzen: Die Qualität der Unternehmenskommunikation wird messbar.
- *Grund 3: Informationsbedarf befriedigen*
  Kunden wollen informiert werden. Das kostet Zeit und braucht Platz. Als eines der wenigen Kommunikationsinstrumente bietet die Kundenzeitschrift eine ideale Plattform, um regelmäßig komplexe Themen und Produktinformationen in ihrer ganzen Breite und Tiefe verständlich, informativ und unterhaltsam für den Leser darzustellen, ihn an das Unternehmen und seine Leistungen heranzuführen und dauerhaft zu binden.
- *Grund 4: Transparenz schaffen*
  Was machen die? Für wen machen die das? Was denken die sich dabei? Mit der Kundenzeitschrift wird das Unternehmen durchsichtiger – extern und intern. Sie informiert regelmäßig über Produkte und Services, Firmenphilosophie, verfahrenstechnische Hintergründe, Neuentwicklungen, branchenspezifische Tendenzen und weitere unternehmensrelevante Inhalte.
- *Grund 5: Kommunikation aus einem Guss*
  Die Kundenzeitschrift bündelt alle Kanäle der Unternehmenskommunikation und stellt die unternehmensspezifischen Aktivitäten sichtbar dar. Sie ist die Quintessenz aus allen Medien, die ein Unternehmen zur externen und internen Kommunikation einsetzt. Sie ist das Zeugnis einer gelebten integrierten Kommunikation.
- *Grund 6: Kompetenz zeigen*
  Der Wettbewerb wird härter; wer fachliche Kompetenz beweist, sichert sich entscheidende Vorteile. In der Kundenzeitschrift kommen Exper-

ten zu Wort, informieren über Sachthemen oder Angebote und geben Tipps und Ratschläge. Das Unternehmen vermittelt Know-how und Kompetenz und unterstreicht damit die Qualität und den Wert seiner Produkte und Services.

- *Grund 7: Identität fördern*
  Mit der Kundenzeitschrift besitzt ein Unternehmen als Imageträger das geeignete Werkzeug, die zentralen Elemente seiner Corporate Identity-Strategie – zum Beispiel Technologieorientierung, Produkt-/Marktfelder, strategische Grundorientierungen, Beziehung zu Mitarbeitern, Abnehmern, Lieferanten und Konkurrenten – miteinander zu verknüpfen und zu veranschaulichen.

- *Grund 8: Nutzwert schaffen*
  Durch die personalisierte Zusendung wird das Selbstwertgefühl des Lesers gesteigert. Die Informationen stehen dem Leser über einen längeren Zeitraum zur Verfügung. Er ist frei in seiner Entscheidung, wann, wo und wie er sich mit dem Magazin und damit mit dem Unternehmen und dessen Produkten und Services beschäftigen möchte. Inhalte aus einer Kundenzeitschrift werden nachweislich längerfristig erinnert als zum Beispiel Informationen aus einem Mailing oder einer Broschüre.

- *Grund 9: Kosten senken*
  Eine gut gemachte Kundenzeitschrift hat ihren Preis, ermöglicht aber deutliche Einsparungen zum Beispiel zum Beispiel im Werbebudget. So kann beispielsweise die Aussendung von Mailings und anderen Werbemitteln erheblich reduziert werden. Inhalte aus der Kundenzeitschrift können außerdem für den Online-Auftritt des Unternehmens genutzt werden.

- *Grund 10: Vertrieb unterstützen*
  Je umfangreicher die Informationen über den Kunden sind, desto schneller und besser kann der Vertrieb agieren, reagieren und maßgerechte individuelle Produkt- und Themenpakete schnüren. Die Kundenzeitschrift unterstützt das Generieren von spezifischen Kundeninformationen, die der Produktentwicklung und dem Marketing zugute kommen.

Weitere Argumente für die Notwendigkeit einer Kundenzeitschrift lassen sich mit der folgenden Checkliste ermitteln. Je mehr Fragen mit Ja beantwortet werden, desto mehr Gründe gibt es, darüber nachzudenken, ob sich ein Teil dieser Probleme nicht mit Hilfe einer Kundenzeitschrift lösen lässt.

Checkliste: Analyse der Kommunikationssituation des Unternehmens

	ja	nein
In unserem Markt herrscht eine hohe Wettbewerbsdynamik.		
Wir streben eine Erweiterung unseres Geschäftskundenstammes an.		
Wir haben offen liegendes Marktpotenzial bisher nicht genügend in Angriff genommen.		
Die Stabilität unseres Unternehmens muss angesichts des verschärften Wettbewerbs verbessert werden.		
Zunehmender Preisdruck zwingt uns zu ausgleichenden Maßnahmen im Bereich Dienstleistung/Service.		
Wir verzeichnen rückläufige Responsequoten bei Direct-Mailings.		
Wir haben hohe Streuverluste beim Einsatz klassischer Werbung.		
Bisherige Kommunikationsmaßnahmen erlauben uns nur eine ungenaue Zielgruppenansprache.		
Unsere fachliche Kompetenz wird nur unzureichend übermittelt.		
Der Anteil unserer C-Kunden ist prozentual sehr hoch.		
Erklärungsbedürftige Produkte verlangen von uns einen zusätzlichen Informationsdienst.		
Der Unternehmensname soll in unserer Zielgruppe stärker verankert werden.		
Unser Unternehmens- und Produkt-Image bedarf eines Relaunchs.		
Wir benötigen neue Kommunikationswege zur verbesserten Kundenbindung.		
Glaubwürdigkeit und Akzeptanz unserer Kommunikationsaktivitäten lassen zu wünschen übrig.		
Unsere Kommunikationsaktivitäten sind eher auf kurzfristige Erfolge ausgelegt.		
Der Werbecharakter unserer bisherigen Marketingmaßnahmen ist zu offensichtlich.		
Ein aktiver Dialog mit unseren Kunden ist aufgrund zu geringer Response-Möglichkeiten nicht oder kaum gegeben.		
Unsere Kunden werden mit Informationen nicht ausreichend und schnell genug versorgt.		
Unsere eigenen Stärken gegenüber der Konkurrenz sollen deutlicher hervorgehoben werden.		
Die Profilierung unseres Unternehmens verlangt neue Wege.		
Unsere Zielgruppe wird über den USP und Produktnutzen nicht ausreichend und oft genug informiert.		
Eine zusätzliche Vor- und Nachbearbeitung unserer Verkaufsgespräche ist notwendig.		
Wir wollen positive Kundenberichte und -erfahrungen verstärkt einsetzen.		
Unsere Außendienst- und Telefonakquise soll durch zusätzliche Kommunikationswege unterstützt werden.		

Quelle: Bayartz GmbH, Unternehmensberatung; zitiert nach: Deutsche Post o. J., 19

7.2 Konzeption

Wenn die Verantwortlichen eines Unternehmens grundsätzliche Übereinstimmung erzielt haben, dass eine Kundenzeitschrift den eigenen Marketing- und Kommunikations-Mix sinnvoll ergänzen könnte, dann kann mit der Umsetzung begonnen werden. Die Realisierung einer Kundenzeitschrift besteht aus mehreren Schritten, die zum Teil nacheinander, zum Teil aber auch parallel zueinander erfolgen müssen:

1. Konzeption
2.1 Textredaktion
2.2 Bildredaktion
2.3 Grafik
2.4 Anzeigen
3. Produktion (Druckvorstufe und Druck)
4. Vertrieb
5. Evaluation

Festlegung von Zielen und Zielgruppe

Ist die Frage nach der Notwendigkeit einer Kundenzeitschrift grundsätzlich mit Ja beantwortet worden, kann mit der Konzeption begonnen werden.

An deren Anfang steht die Beantwortung drei essentieller Fragen:

- Was will das Unternehmen mit der Kundenzeitschrift erreichen?
- Wen will das Unternehmen mit der Kundenzeitschrift erreichen?
- Wie soll das Ziel erreicht werden?

Im ersten Schritt müssen die Ziele und die Zielgruppe definiert und außerdem das Instrument der Kommunikation genauer bestimmt werden.

Die Ziele

Kundenzeitschriften verfolgen Ziele auf drei Ebenen:

- Kommunikationsziele
- Marketingziele
- journalistische Ziele

Zu den Kommunikationszielen gehören der Imageaufbau, die Imagepflege und die Kundenbindung. Es sind die Ziele, die für das Gros der Herausgeber im Vordergrund stehen. Marketingziele sind die Steigerung des Absatzes, die Neukundengewinnung, der Dialog mit den Kunden, die Generierung von Informationen über ihn sowie die Refinanzierung. Zu den journalistischen Zielen zählen Glaubwürdigkeit, Informations- und Nutzwert, Unterhaltung, eigenständiges Konzept und Erscheinungsbild. Die präzise Festlegung der Ziele hat konkrete Auswirkungen auf die Struktur und Gestaltung der Kundenzeitschrift. Eine Kundenzeitschrift, die vorwiegend der Verkaufsförderung dienen soll, sieht anders aus, als ein Magazin, das in erster Linie die Vorstellung vom Unternehmen verbessern soll.

Die Zielgruppe

Der Erfolg einer Kundenzeitschrift steht und fällt damit, wie präzise sie an den Interessen und Erwartungen ihrer Zielgruppe ausgerichtet ist. Das heißt, wenn ein Unternehmen beschlossen hat, dass es ein Kundenmagazin für Endverbraucher auflegen will, muss es im nächsten Schritt alle über den Kunden verfügbaren Informationen zusammentragen. Die Kunden einer Betriebs-Krankenkasse haben andere soziodemografische Strukturen und andere Interessen als die Kunden eines Autoherstellers, der die Käufer seiner Luxus-Limousinen erreichen will. Je besser man über Lesegewohnheiten, Anschaffungswünsche, Urlaubsverhalten und andere Merkmale seiner Zielgruppe informiert ist, desto genauer kann man Aufmachung und Inhalte daran ausrichten. Die Themenauswahl für das Kundenmagazin hängt maßgeblich von der Zusammensetzung der Leserschaft ab. Der Reiseteil in der Kundenzeitschrift der Krankenkasse wird über preiswerte Urlaube auf Mallorca, an der Ostsee oder in Österreich berichten, während der Leser des Luxusauto-Magazins im Reiseteil seiner Zeitschrift vorwiegend in den Fünfsterne-Hotels und Ressorts dieser Welt absteigt. Die Informationen über die Zielgruppen sind in den Unternehmen häufig vorhanden, schließlich lassen die angebotenen oder erworbenen Produkte und Dienstleistungen mitunter weit reichende Schlüsse auf den Kunden zu. Wo das Material nicht vorhanden ist und für die Kundenzeitschrift aufbereitet werden kann, empfiehlt sich der Einsatz der Marktforschung. Sowohl bei Geschäftskunden wie auch bei Endverbrauchern können durch gezielte Befragungen zum Konsum- und Leseverhalten bereits die notwendigen Erkenntnisse für die Kundenzeitschrift gewonnen werden, und die inhaltliche Planung des Blattes kann entsprechend angepasst werden.

Erst wenn die Zielgruppe bekannt und genau definiert ist, kann überlegt werden, welche thematische Struktur die eigene Kundenzeitschrift bekommen soll. Das Roland Berger-Magazin THINK:ACT hat als Zielgruppe die »CEOs und Senior Executives globaler Unternehmen«. Das Business-to-Business-Magazin wendet sich damit an eine sehr gut gebildete und sehr gut verdienende Klientel mit viel Verantwortung. Das spiegelt sich bereits in der inhaltlichen Aufteilung der Zeitschrift in die vier Kapitel »Food For Thought«, »Dossier«, »Industry-Report« und »Business-Culture« wider. Die Kundenzeitschrift der Deutschen Bahn DB MOBIL wendet sich an eine viel breitere Leserschaft, die als gemeinsamen Nenner den Hang zum Bahnfahren und damit zum Reisen hat. Außerdem kann man noch davon ausgehen, dass der eine Teil der Reisenden aus geschäftlichen Gründen unterwegs ist, der andere aus touristischen. Auch das lässt sich bereits aus der Hefteinteilung ablesen. Die hat sechs »Bücher« mit den Bezeichnungen: »Leute: Köpfe und Konzepte«, »Reise: Trips und Tipps«, »Business: Macher und Märkte«, »Bahn: Projekte und Produkte«, »Welt: Wissen und Visionen« und »Kultur: Touren und Termine«.

Die Marktforschung kann auch eingesetzt werden, wenn bereits Entwürfe bzw. erste grafisch und textlich gestaltete Seiten vorliegen. In Gruppendiskussionen und Copytests mit Vertretern der Zielgruppe lassen sich zahlreiche Fragen beantworten, zum Beispiel:

- Spricht das Titelbild die Kunden an?
- Sind die Themen interessant?
- Sind die Themen richtig aufbereitet?
- Schlagen die Texte die richtige Tonart an?
- Entspricht das Heft den Erwartungen?
- Fehlt noch was?

So bekommen die Macher der Kundenzeitschrift wertvolle Hinweise, was sie an ihrem Konzept vor dem Start noch verbessern können.

Es scheint allerdings, dass die meisten Herausgeber die Kosten für diese Art der Vorbereitung scheuen – zwei Gruppendiskussionen mit jeweils zwölf Teilnehmern kosten etwa 8.000 Euro – und Marktforschung entweder gar nicht oder erst mit Erscheinen der ersten Ausgabe machen, indem sie dieser einen Fragebogen beilegen.

Welche Auswirkungen die aktuelle Befindlichkeit des Kunden auf die Konzeption der Kundenzeitschrift haben kann, lässt sich aus der nachfolgenden Übersicht ablesen, die Thomas Schmitz auf der Basis von einem Jahrzehnt Corporate-Publishing-Erfahrung zusammengestellt hat.

Die Kundenzeitschrift muss den Kunden abholen

Kundensituation	Handlungsanforderung für die Konzeption
Der Kunde ist durch die Informationsflut überfordert.	Ansprache, Auftritt und Ausstattung der Kundenzeitschrift müssen Wertigkeit, Souveränität und Seriosität vermitteln.
Der Kunde fühlt sich nicht ausreichend angesprochen, ernst genommen und abgeholt.	Ehrlichkeit und Authentizität sind die zentralen Aspekte. Jede Zielgruppe verwendet ihre eigenen Codes. Trifft man die falsche Tonart in Wort und Bild, erhält man keine Akzeptanz.
Der Kunde sieht keine Relevanz für Leistungs- und Produktangebote.	Kunden brauchen thematische Inspiration, um für sich Nutzen und Mehrwert eines Angebots zu erkennen.
Der Kunde fühlt sich ausgegrenzt.	Die Thematik muss den Bedürfnissen des Kunden folgen.

Quelle: Schmitz 2004, 23

Die Konkurrenz

Inzwischen gibt es so viele Kundenzeitschriften, dass kaum ein Unternehmen, das sich an die Herausgabe einer Kundenzeitschrift macht, das erste in seiner Branche sein wird. Folglich gibt es immer schon irgendein Vorbild, an dem man sich ausrichten muss. Das gilt selbst in Fällen, wo die Wahrscheinlichkeit gering ist, dass die eigene Zielgruppe überhaupt den Vergleich mit Konkurrenten ziehen kann. Was zum Beispiel der Fall bei den Stromversorgern ist. Der Kunde, der seinen Strom von den Rheinisch Westfälischen Elektrizitätswerken (RWE) bezieht, bekommt nicht auch noch die Kundenzeitschrift von Wettbewerber Vattenfall in den Briefkasten gesteckt, und umgekehrt. Aber Kundenzeitschriften werden nicht nur von Kunden gelesen, sie gelangen auch in die Hände von Multiplikatoren (Journalisten, Politiker usw.), die sich über dieses Kommunikationsinstrument ebenfalls eine Meinung über das Unternehmen bilden. Und wenn der eine Stromversorger viermal im Jahr mit einem umfangreichen und journalistisch aufwändigen Hochglanzmagazin aufwartet und der andere ebenso häufig einen achtseitigen Infobrief verschickt, so sagt das einiges aus über das herausgebende Unternehmen. Womit mit diesem Beispiel nicht suggeriert werden soll, dass das Hochglanzmagazin in jedem Fall besser ist als der Infobrief. Das wäre dann doch zu einfach. Aber das, was die Branchenkonkurrenz produziert, erfordert die eigene begründete Stellungnahme, die damit enden kann, dass man das eigene Magazin noch umfangreicher und noch aufwändiger als das der Konkurrenz macht, bzw. zum genauen Gegenteil führen kann, nämlich dass man sich explizit mit einem anderen und ganz eigenen Auftritt von der Konkurrenz absetzen will.

Maßstab für in der Gründung befindliche Kundenzeitschriften sind aber nicht nur die Blätter der Branchen-Konkurrenz, sondern auch Unternehmensmagazine überhaupt und längst auch die Kaufzeitschriften am Kiosk. Blätter wie SPIEGEL, STERN, HÖRZU oder KICKER haben in den letzten 50 Jahren die Ansprüche der Menschen an Zeitschriften geprägt, und die dort vorgegebenen Standards an Textqualität, Glaubwürdigkeit und visueller Gestaltung sind auch ein Maß für neue Kundenzeitschriften, wenn sie gelesen werden wollen. Wer den dafür notwendigen Aufwand nicht betreiben will, sollte auf die Herausgabe einer Kundenzeitschrift lieber komplett verzichten.

Zeitschrift oder Zeitung

Bereits in der Konzeptionsphase sollte geklärt werden, ob die Publikation des Unternehmens als Zeitung oder Zeitschrift herausgegeben werden soll. Wobei die Frage im Grunde genommen falsch gestellt ist. Da zu den Definitionsmerkmalen einer Zeitung auch das mehrmalige Erscheinen pro Woche gehört, mit einer derart hohen Frequenz aus Kostengründen aber kein gedrucktes Unternehmensmedium erscheinen wird, geht es eigentlich nur um den Zeitungscharakter. Korrekt muss die Frage also lauten: Wollen wir eine Zeitschrift machen, die aussieht wie ein Magazin, oder wollen wir eine Zeitschrift machen, die aussieht wie eine Zeitung? Der Zeitungscharakter entsteht durch bestimmte äußere Merkmale wie großes Format, Zeitungspapier, ineinander gelegte Seiten und einfaches Druckbild. Der Zeitungs-»Look« suggeriert mehr Aktualität, selbst wenn die Publikation nur quartalsweise erscheint, und ein bisschen mehr Sachlichkeit. Weitere Vorteile für den Herausgeber liegen auf der Kostenseite, da Papier und Produktion billiger kommen.

Es ist eine kleine Minderheit unter den Herausgebern von Kundenzeitschriften, die den genannten Vorteilen den Vorzug gibt und die eigene Kundenzeitschrift wie eine Zeitung aussehen lässt. Die große Mehrheit der Kundenzeitschriften hat Magazincharakter. Das Magazin vermittelt besser als die Zeitung Anspruch und Anschaulichkeit. Höhere Umfänge, hochwertiges Papier und bessere Druckqualität geben einer Zeitschrift schon fast Buchcharakter. Und so etwas nimmt man öfter in die Hand und wirft es nicht so schnell weg. Die Inhalte gewinnen mehr Eindringlichkeit und mehr Dauerhaftigkeit, was in der Regel besser zu den Kommunikationszielen eines Unternehmens passt.

Vorteile von Zeitung oder Zeitschrift

Merkmal	Zeitung	Zeitschrift
Aktualität	höher	niedriger
Druckqualität	geringer	höher
Verarbeitung	ungeheftet	geheftet
Mindestumfang	niedriger	höher
Bebilderung	schwächer	stärker
Farbe	weniger	mehr
Kosten	niedriger	höher
Beiträge	kürzer	länger
Image	sachlicher	gediegener
Themen	zeitnäher	zeitloser
Aufbewahrungswert	niedriger	höher

Quelle: Rolf Sonderkamp: www.publishing1.de/magazine.htm

Grundlegende Entscheidungen

Noch in der Konzeptionsphase einer Kundenzeitschrift müssen einige wesentliche Grundlagen fixiert werden, die sich einerseits ganz wesentlich auf die Akzeptanz der Zeitschrift bei der Zielgruppe, andererseits auf das Gesamtbudget auswirken können. Erst wenn die folgenden Faktoren festgelegt worden sind, können die Kosten der Kundenzeitschrift realistisch kalkuliert werden:

- Format
- Papier
- Umfang
- Druckverfahren
- Auflage
- Erscheinungsweise

Diese Faktoren werden im Folgenden kurz vorgestellt, um ihre jeweilige Bedeutung herauszuarbeiten.

Format: Warum fast alle gleich groß sind

Die Verlagsgruppe Milchstraße hatte Anfang der Neunzigerjahre großen kommerziellen Erfolg damit, dass einige ihrer Zeitschriften größer waren als die Konkurrenten am Kiosk. Am augenfälligsten war das bei der Lifestyle-

Zeitschrift MAX, die ihre Konkurrenten am Kiosk merklich überragte. Durch ihre Übergröße stach das Blatt nicht nur den Besuchern der Einzelverkaufsstellen ins Auge, sondern auch den Werbeplanern in den Mediaagenturen. Letztere freuten sich, dass sie ihre Anzeigenmotive in XXL präsentieren konnten, und belegten das Blatt aus Hamburg oft ohne zu prüfen, wie gut die Leserdaten waren. Man wollte einfach dabei sein. Als sich der Neuigkeitseffekt abgenutzt hatte und die hohen Papierkosten zu drücken begannen, veranlassten die Verlagsmanager wieder die Rückkehr zum kiosküblichen Format, das sich an der Größe eines DIN A 4-Heftes orientiert (21 cm x 29,7 cm). Ende der Neunzigerjahre hatten mehrere Frauenzeitschriften Erfolg damit, dass sie das Format genau in die andere Richtung veränderten. Den Zeitschriften GLAMOUR und JOY gelang es, innerhalb eines Jahres ihre Auflagen zu verdoppeln, weil sie ihr Format auf die Hälfte der bei der Konkurrenz üblichen Größe reduziert hatten. Unabhängig davon orientieren sich mehr als 90 Prozent aller Kaufzeitschriften und Kundenzeitschriften an den Formaten, die man von Zeitschriften wie STERN, SPIEGEL oder HÖRZU her kennt (21 cm x 28 cm bis 22,5 cm x 29,7 cm). Das hat zwei gute Gründe. Einerseits hat sich dieses Format in der Vergangenheit als praktisch herausgestellt. Die Leser sind einfach dran gewöhnt. Ausschlaggebend ist jedoch die Kostenseite. Auf dieses Format sind fast alle an der Zeitschriftenproduktion und -distribution Beteiligten eingestellt. Es verursacht folglich die wenigsten Reibungsverluste. Die Anzeigenabteilungen benötigen keine Sonderformate von den Kunden, die Drucker haben weniger Papierverluste durch Beschnitt und die DIN-genormten Briefkästen in Deutschland keine Kapazitätsprobleme. »Wenn Sie nicht wollen, das Ihr Magazin geknickt und zerfleddert beim Kunden ankommt, sollte es in einen gängigen DIN-Norm-Briefkasten passen und bei Regen nicht halb aus demselben rausschauen«, rät Heike Steinmetz den Unternehmen (Steinmetz 2003, 53). Für das gängige Magazinformat spricht nicht nur, dass es in den Briefkasten passt. Darüber hinaus passt es in die üblichen Versandumschlaggrößen, kann in der optimalen Gewichts- und Portoklasse verschickt werden und passt auch in gängige Ordner bzw. Regale, was unter Sammelgesichtspunkten wichtig ist.

Ein Sonderformat bringt kurzfristig Aufmerksamkeit, auf Dauer aber höhere Kosten. Man wird deshalb in der Praxis kaum ein Beispiel dafür finden, dass ein ungewöhnliches Heftformat langfristig Bestand hat. Die Kundenzeitschrift des Möbelhauses IKEA ROOM startete quadratisch, hatte dieses Format im Jahr 2004 aber schon wieder aufgegeben.

Fast alle Kundenzeitschriften erscheinen im Zeitschriftenformat, weil sich so in Verbindung mit dem passenden Papier und einem größeren Umfang eine höhere Wertigkeit erzielen lässt. Wer seine Unternehmenszeitschrift im »Look« einer aktuellen Zeitung erscheinen lassen will, hat dort im Wesentlichen die Auswahl zwischen drei Formaten:

- Berliner Format: 32 cm × 47 cm
- Rheinisches Format: 37 cm × 53 cm
- Nordisches Format: 40 cm × 57 cm

Je kleiner ein Format ist, desto handlicher ist es, je größer, desto mehr Selbstbewusstsein strahlt es aus.

Papier: Wichtig für die Haptik

Wer Zeitungspapier zwischen den Fingern fühlt, denkt an alles Mögliche, an eines aber mit Sicherheit nicht: an etwas Wertvolles. Über die Papierqualität lässt sich der Eindruck, den eine Kundenzeitschrift beim Empfänger hervorruft, ganz wesentlich steuern. Dünnes Zeitungspapier ist ein Synonym für billig. Je höher die Papiergrammatur und die Beschaffenheit des Papiers, desto wertiger fühlt es sich an und desto wertvoller sieht es aus. Ein Papier kann Leichtigkeit vermitteln genauso wie Schwere. Buchstaben sind auf mattem Papier gut lesbar, Fotos stehen besser auf glänzendem Untergrund. Mit dem Papier suggeriert eine Kundenzeitschrift also schon einen Teil des eigenen Anspruchs. Die Kundenzeitschriften der Autohersteller benutzen in der Regel schwerere Papiere als die Kundenzeitschriften der Krankenkassen. Wer besonders edel wirken will, lässt den Umschlag gesondert auf noch schwererem Papier produzieren. So wurde der Umschlag der vielfach ausgezeichneten, inzwischen aber eingestellten Kundenzeitschrift der Unternehmensberatung McKinsey & Company MCK WISSEN auf mattem 250-Gramm-Papier gedruckt, während für den Innenteil dasselbe Papier in der leichteren 115-Gramm-Variante verwendet wird. Zum Vergleich: Das Papier, das in bekannten TV-Zeitschriften wie TV MOVIE oder HÖRZU benutzt wird, hat höchstens halb so viel Gramm pro Quadratmeter.

Natürlich kann auch dickes Papier nicht über dünne Inhalte hinwegtäuschen. Außerdem verursacht es höhere Kosten. Nicht nur im Papiereinkauf, sondern auch im Vertrieb, da mit Umfang und Papiergewicht die Portokosten steigen.

Umfang: 36 Seiten und mehr

Dass eine Kundenzeitschrift im Schnitt 100 Seiten Umfang wie CENTAUR von Rossmann hat, ist die Ausnahme auf dem deutschsprachigen Markt und sagt zugleich auch etwas über den Anspruch von Herausgeber und Redaktion aus. Der Umfang einer Zeitschrift hängt in der Regel davon ab, welche Inhalte man in welchem Ausmaß dem Kunden nahe bringen will. Die meisten Kundenzeitschriften haben 36, 48, 64 oder 80 Seiten zuzüglich Umschlag. Was weniger Seiten hat, fühlt sich kaum noch wie eine Zeitschrift an, selbst wenn das Trägerpapier dick ist. Aus produktionstechnischen Gründen müssen Umfänge von gehefteten Zeitschriften immer durch vier bzw. acht teilbar sein.

Druck und Weiterverarbeitung: Die Auflage bestimmt den Druck

Für den Druck einer Zeitschrift bieten sich drei verschiedene Druckverfahren an. Welches das geeignete Druckverfahren ist, hängt ganz wesentlich von der Auflage ab.

- Bogenoffset kann das richtige Verfahren sein, wenn die Auflage nicht 30.000 Exemplare übersteigen soll. Die Druckqualität ist hoch, auch auf weniger anspruchsvollem Papier.
- Rollenoffset rechnet sich ab einer Auflage von 30.000 Exemplaren. Zwar ist der Stundenpreis höher als im Bogenoffset, was aber durch eine wesentlich höhere Druckgeschwindigkeit wieder wettgemacht wird.
- Tiefdruck liefert eine sehr gute Druckqualität, die bei einer Auflage ab 200.000 Stück auch wettbewerbsfähig ist.
- Das Digitaldruckverfahren bleibt meist außen vor, da es sich nur bei kleinen Auflagen (bis 1.000 Exemplare) rechnet. Es ist allerdings interessant in der Entwicklungsphase, wenn nur ein paar Dummies hergestellt oder wenn die einzelnen Hefte personifiziert werden sollen.

Zu den Produktionsschritten, die in einer Druckerei erfolgen, gehört aber nicht nur der Druck der Kundenzeitschrift, sondern auch die Weiterverarbeitung. Damit ist die Zusammenfügung von Heftinnenteil und Umschlag gemeint, wenn beide auf unterschiedlichen Papiersorten oder Papierstärken gedruckt worden sind. Die meisten Zeitschriften werden per Drahtstich durch den Rücken geheftet. Eine wenige werden per Klebebindung (Lumback) zusammengehalten. Die Drahtstichheftung ist preiswerter. Das Lumbacken ist aufwändiger, führt aber zu einem edleren Gesamteindruck. Die Zeitschrift bekommt durch den ebenen Rücken den Charakter eines Buches. Und es gibt einen weiteren Unterschied: Während bei einer gehefteten Zeitschrift Beihefter von Anzeigenkunden oder eigene Responseelemente nur an wenigen Stellen im Heft platziert werden können, erlaubt die Klebeheftung die Platzierung überall in der Zeitschrift.

Druckauflage

Die Auflage einer Kundenzeitschrift leitet sich direkt aus der Zielgruppe ab. Sie besteht aus der Teilmenge derjenigen, an deren Adressen die Zeitschriften verschickt werden, und der Teilmenge, die gebraucht wird, um sie am Point of Sale oder bei anderen Gelegenheiten auszulegen. Sonderaktionen sollten rechtzeitig berücksichtigt werden.

Erscheinungsweise

Da Kundenzeitschriften häufig gemacht werden, um die Kundenbindung zu verstärken und das Image zu pflegen, müssen sie so häufig erscheinen, dass dieses Erscheinen von den Zielgruppen noch als regelmäßig wahrgenommen wird. Viermal im Jahr gilt dafür als Untergrenze. Aktualität lässt sich quartalsweise allerdings nicht mehr vermitteln. Da muss die Zeitschrift wenigstens monatlich herauskommen.

7.3 Redaktionelle und grafische Umsetzung

Heftplanung

Haben Herausgeber und Dienstleister das Konzept der Kundenzeitschrift grundsätzlich abgeklärt, kann mit der redaktionellen Heftplanung begonnen werden. Es ist sinnvoll, die Erscheinungstermine der Kundenzeitschrift für ein Jahr im Voraus festzulegen. Aus diesen Terminen lassen sich dann alle übrigen Termine der Hefterstellung errechnen:

Zeitschema für die Hefterstellung

Arbeitsschritte	Tage insgesamt	bis zum
Themenfindung		
Themenabgleich mit Herausgeber		
Bild- und Textproduktion		
Bildauswahl, Layout der Seiten		
Text- und Grafikkorrekturen		
Bildverarbeitung		
Schlussredaktion		
Lithografie		
Reproduktion		
Druck		
Vertrieb		
Erscheinungstermin am:		

Themenplanung

Wenn die Erscheinungstermine für ein Jahr festgelegt worden sind, kann mit der Themenplanung begonnen werden. Auch diese sollte sich im ersten Anlauf auf das ganze Jahr erstrecken. Ziel ist es nicht, alle Ausgaben komplett durchzuplanen, sondern die für das Unternehmen und die Zielgruppe relevanten Ereignisse einer bestimmten Ausgabe zuzuordnen. Da die meisten Unternehmen in Jahresrhythmen denken und planen, steht frühzeitig fest, bei welcher Messe man dabei sein wird, wann ein Produkt neu eingeführt wird, wann die neue Werbekampagne starten soll oder wann die Firma ihr Jubiläum feiert. Entsprechend kann die Redaktion der Kundenzeitschrift frühzeitig überlegen und sich mit dem Herausgeber abstimmen, in welcher Ausgabe und wie darüber berichtet wird. Ausreichender Vorlauf verschafft jeder Redaktion Luft, um die Berichterstattung besser vorbereiten und damit in der Regel auch bessere Ergebnisse erzielen zu können. Ist das Thema frühzeitig bekannt, können in Ruhe Autoren gesucht und gebucht werden, die das Optimum aus dem Ereignis herausholen können. Dasselbe gilt für die Bebilderung. Die Redaktion kann sich überlegen, ob eigene Fotos produziert werden, oder sie hat die Zeit, sich die besten Bilder aus den Fotoarchiven der Agenturen zusammenzusuchen. Und wenn sie feststellt, dass das Fotomaterial nicht ausreicht, bleibt noch die Zeit, einen Illustrator einzuspannen. Mit einer vernünftigen Jahres-Themenplanung wird die Gefahr von »Schnellschüssen« auf ein Minimum reduziert. Neben der Steigerung der Qualität des Endprodukts hat die Jahresplanung noch zwei weitere Vorteile. Sie senkt die Kosten. Immer wenn Autoren oder Fotografen kurzfristig angerufen werden, um einen Auftrag möglichst schnell zu realisieren, treibt das die Honorare in die Höhe. Der zweite Vorteil einer Jahresplanung betrifft das Anzeigenmarketing. Geeignete Themen können im Anzeigenverkauf eingesetzt werden.

> »Die Jahresplanung hilft dem Anzeigenvermarkter, Mailings rechtzeitig vorzubereiten, neue Zielgruppen anzutesten und telefonisch konkret nachzufassen. Anzeigenkunden nutzen eventuell gar die Zeit, Anzeigenmotive speziell auf die Themen des Magazins zuzuschneiden oder Druckunterlagen existierender Anzeigen auf das richtige Format zu bringen« (Deutsche Post o. J., 60).

In der Jahresthemenplanung werden natürlich noch nicht alle Themen eines Heftes festgelegt, sondern nur diejenigen, deren Erscheinen an eine bestimmte

Ausgabe gekoppelt ist. Jahresplanung bedeutet darüber hinaus nicht, dass die lange vorher feststehenden Themen auch alle schon drei Monate vor Erscheinen fertig geschrieben oder sogar fertig layoutet sind. Das wäre geradezu kontraproduktiv, da die Artikel dann bis zum Erscheinen schon veraltet sein könnten. Die redaktionelle Kunst besteht vielmehr darin, die richtige Mischung aus Vorausplanung und aktueller Bearbeitung zu finden. Für die Praxis heißt das: Wenn die Redaktion der Autozeitschrift Anfang des Jahres weiß, dass im Herbst der neue Mini-Van eingeführt werden soll, kann sie den Artikel über die Fahreigenschaften des Wagens und die Bebilderung natürlich schon im Sommer präparieren, das Interview mit dem Vertriebsvorstand allerdings macht man erst wenige Tage vor Redaktionsschluss, damit man dort auch noch auf aktuelle Entwicklungen der Autobranche (Entwicklung der Zulassungszahlen im Vormonat, neue Modelle der Konkurrenz, erhöhte Benzinpreise usw.) eingehen kann. Zusammen ergibt diese Vorgehensweise das Optimum dessen, was im Journalismus möglich ist.

Die Jahresplanung ergibt also den Rahmen, der von Heft zu Heft dann mit den aktuellen Themen aufgefüllt werden muss.

Aktuelle Themenplanung

Schon in der Konzeptionsphase einer Kundenzeitschrift wird festgelegt, aus welchen Rubriken das Heft bestehen wird. Die Rubrizierung ist die journalistische Einteilung der Themenfelder, die eine Zeitschrift behandeln will. Mit ihr werden die thematische Ausrichtung und die inhaltlichen Schwerpunkte festgelegt, die sich an der Branche und an den Interessen der Zielgruppe ausrichten. Die COOPZEITUNG zum Beispiel ist in sechs Bücher (= Rubriken) eingeteilt, die unter anderem »essen&trinken«, »wohnen&geniessen« und »einkaufen&profitieren« heißen. Die bei McDonald's ausliegenden KINO-NEWS haben die Rubrizierung: »Kino«, »DVD«, »Internet«, »Event«, »Musik« »TV«, »Buch«, »Handy«, »Hardware«, »Action«, »Kids«, und »Fashion«. Im Falle von KINONEWS ergibt sich die aktuelle Berichterstattung nahezu von selbst. Die Redaktion muss lediglich den Ausstoß der Unterhaltungsindustrie nach Produkten durchforsten, die für die überwiegend junge Zielgruppe interessant sind, und sie dann redaktionell aufbereiten. Anspruchsvoller ist die Heftaufteilung bei THINK:ACT. Die Kundenzeitschrift der Unternehmensberatung Roland Berger, die sich vor allem an »globale Entscheider« wendet, hat die Rubriken: »Food For Thought«, »Dossier«, »Industry-Report«, »Business-Culture« und »Regulars«. Das Beispiel der Ausgabe 14, die Anfang 2010 erschien, soll zeigen, wie die Redaktion dieses Raster redaktionell und zeitnah auf 60 Seiten gefüllt hat:

Inhalt der Ausgabe 14/2010

Food For Thought
Grüner Wachstumsmarkt: Die Welt schnürt Konjunkturpakete – das stützt die Ökoindustrien.

Wahrer Luxus, neu definiert: Warum PPR (Luxusgüter-Konzern, Anm. d. A.) auf Nachhaltigkeit als Megamarkenwert setzt.

Die Mär von der großen Wende: Die Wirtschaftskrise verändert den Kapitalismus – oder vielleicht doch nicht? Eine Debatte.

Dossier
Komplexe Kurvenkunde. Gesehen von Darren Diss

Europa: gute Chancen für nachhaltiges Wachstum. Wie schnell gesundet die Weltwirtschaft? Ein Essay.

Performance West. Drei US-Firmen, die gestärkt aus der Krise hervorgehen.

Performance Ost. Erfolgsunternehmen aus China auf Wachstumskurs.

Bilder der Neuerfindung. Acht spannende Projekte aus den USA – die viel Aufbruchstimmung dokumentieren.

Markenglauben im Stehkragen. Studie: So ticken Chinas Konsumenten wirklich.

Quo Vadis USA? Essay: Warum ein starkes China ein starkes Amerika braucht.

Mehr als gepflegter Dinner-Talk. Reportage: die neue Welt der Washingtoner Diplomatie.

Industry-Report
Zukunftsmärkte: Brücken aus Plastik, Seide ohne Spinnen

Asien bleibt Wachstumstreiber. Im Interview: Jörg Wolle, CEO DKSH (Vorstandsvorsitzender eines Schweizer Handelskonzerns, Anm. d. A.)

> *Business-Culture*
> Kopf an Körper: mehr Passion. Was Manager von Dirigenten lernen können.
>
> Management auf Arabisch: Das Erfolgsmodell der Clans
>
> Work in Progress: Eine aktuelle Studie belegt, welches die wichtigsten Metropolen Osteuropas sind.
>
> Forty Years After. Porträt: Wie Consultant Mariano Frey seit vier Jahrzehnten Leidenschaft und Disziplin vereint.
>
> *Regulars*
> First Views. Service/Impressum

Auch aktuelle Themen fallen nicht vom Himmel, sondern werden durch sorgfältige Vorbereitung gefunden. Eine Redaktion bedient sich dabei verschiedener Quellen:

- Publikumspresse
- Fachpresse
- Kundenzeitschriften der Konkurrenz
- freie Mitarbeiter
- das Unternehmen selbst

Diese Quellen müssen regelmäßig durchsucht werden nach Themenanregungen, die in das Themenraster der eigenen Kundenzeitschrift passen. Mindestens einmal pro Ausgabe sollte sich die Redaktion auch mit Vertretern des Unternehmens zum Sammeln von Themen treffen. Außerdem kann man auch die Leser der Kundenzeitschrift um Anregungen bitten, wie es manche Unternehmensmagazine machen.

Themenplanung heißt immer auch, dass man mehr Themen umsetzen lässt als man eigentlich benötigt. Es ist eine journalistische Erfahrung, dass vieles von dem, was angedacht worden ist, einer Überprüfung in der Praxis nicht standhält. Aus der groß angelegten Reportage wird ein kurzer Bericht, weil die handelnden Personen wenig auskunftsfreudig und auch nicht sehr fotogen waren. Das Porträt des berühmten Schauspielers Soundso fällt komplett aus, weil er wegen eines Autounfalls ins Krankenhaus eingeliefert wurde. Und die Geschichte der freien Autorin ist so schlecht recherchiert, dass man sie noch einmal zurückgeben muss. In allen drei Fällen blieben

Lücken im Heft, wenn nicht jede Redaktion noch etwas im »Stehsatz« hätte. Mit Stehsatz sind solche Artikel gemeint, die bereits geschrieben sind und für die auch die Fotos vorliegen, so dass man sie nur noch in das Layout einpassen muss. Es sind meistens Inhalte von »zeitloser Schönheit«, das heißt, sie passen zwar zur Kundenzeitschrift, sind aber in ihrer Aktualität nicht an einen bestimmten Erscheinungsmonat gebunden. Die Redaktion, die keinen Stehsatz hat, braucht wenigstens die Adressen von einigen guten Autoren, die in der Lage und willens sind, innerhalb kürzester Zeit überraschend auftauchende Lücken zu stopfen.

Formale journalistische Kriterien

Zur journalistischen Professionalität gehört neben der Gewährleistung eines bestimmten Qualitätsniveaus auch die Einhaltung von formalen Regeln. Im Kern geht es darum, dass die Informationen verständlich für das jeweilige Zielpublikum aufbereitet werden.

Verständlichkeit ist das A und O des Journalismus

Journalisten arbeiten in erster Linie mit der Sprache, in zweiter Linie mit dem Bild als Ausdrucks- und Gestaltungsmittel. Das tun Schriftsteller auch, aber während in der Literatur das Erzählen das Ziel ist, ist im Journalismus der Inhalt das Ziel. Während in der Literatur die Inhalte nicht der Realität verpflichtet sind, geht es im Journalismus immer um Wahrhaftigkeit. Und während in der Literatur die Verständlichkeit nicht erste Präferenz der Autoren ist, ist sie im Journalismus immer oberstes Ziel und damit existenzieller Bestandteil eines professionellen Journalismus. Verständlichkeit ist so wichtig, weil die Inhalte sonst zwar transportiert werden, aber unverstanden bleiben. Folglich müssen Journalisten sich mit der Sprache auf ihre Leser einstellen. Sie müssen als erstes den Bildungshintergrund berücksichtigen. Die Sprache in der Kundenzeitschrift einer Krankenkasse mit fünf Millionen Mitgliedern aus allen Bevölkerungsschichten muss eine einfachere sein als die in einer Kundenzeitschrift, die sich vorrangig an Manager und Geschäftsführer wendet. Neben dem Bildungsniveau muss aber auch das Zeitbudget der Leserschaft berücksichtigt werden. Wenn man davon ausgehen kann, dass die Zielgruppe eher wenig Zeit zum Lesen hat, müssen sich Texte und Layout danach ausrichten. Auch bringt nicht jede Zielgruppe gleich viel Aufmerksamkeit mit. Verständlich zu schreiben ist also das A und O im professionellen Journalismus. Zu den generellen Merkmalen journalistischer Sprache zählen deshalb die folgenden Kriterien:

- *Einfachheit*
  Die Wortwahl ist klar und deutlich.

- *Prägnanz*
  Die gewählten Worte sind treffend.

- *Stimulanz*
  Die gewählten Worte sind anschaulich und regen zum Weiterlesen an.

- *Gliederung*
  Der Aufbau des Inhalts folgt einer systematischen und nachvollziehbaren Gliederung.

- *Satzlänge*
  Die Sätze sind möglichst kurz.

- *Satzvariationen*
  Kürzere Sätze wechseln sich mit längeren ab.

- *Transparenz*
  Jeder Satz enthält nicht zu viele Fakten. Die Hauptsache steht im Hauptsatz, die Nebensache steht im Nebensatz.

- *Satzverknüpfungen*
  Die Inhalte der einzelnen Sätze stehen in Beziehung zueinander.

- *Aktivsätze*
  Passivsätze sind zu vermeiden. Aktivsätze erhöhen die Lebendigkeit.

- *Absätze*
  Längere Texte werden in sinnvolle Absätze unterteilt. Sie erleichtern das Erfassen und Verstehen.

Darüber hinaus lässt sich die Verständlichkeit von Texten generell erhöhen, wenn man die folgenden Fehler vermeidet:

- *Anglizismen*
  Die Zielgruppe einer Krankenkasse oder eines Touristikunternehmens wird es nicht verstehen, wenn in den Artikeln ihrer Kundenzeitschrift

Begriffe wie »Cashflow«, »Put-Option« oder »Joint-Venture« zu lesen sind, ohne dass sie erklärt werden.

- *Expertensprache*
  Begriffe wie »Beitragsbemessungsgrenze«, »pretiale Stimulierung« oder ein Satz wie »Der methodische und didaktische Aufbau des Unterrichts spiegelt die soziale Relevanz des Themas wider« sind Stolpersteine und Lesehemmer.

- *Füllwörter*
  Worte wie »durchaus«, »ziemlich«, »eigentlich« oder »überhaupt« nehmen meist nur Platz weg und können fast immer ersatzlos gestrichen werden.

- *Abkürzungen*
  Unverständlich sind auch Abkürzungen wie RP (Regierungspräsident), CEO (Chief Executive Officer) oder CIM (Computer Integrated Manufacturing), wenn sie nicht vorher eingeführt worden sind.

- *abgenutzte Bilder*
  »In der Hitze des Gefechts«, »die weiße Pracht«, »die breite Öffentlichkeit« sorgen für Langeweile und nicht für Anschaulichkeit.

- *schiefe und falsche Bilder*
  »Das haut dem Fass die Krone aus«, »Anfang 2010 läutet die Kurve wieder den Abwärtstrend ein«. Mit solchen Bildern erzielt man zwar den einen oder anderen Lacher, aber sie beschädigen die Glaubwürdigkeit.

Um die Verständlichkeit zu erhöhen, bedienen sich Journalisten bestimmter Darstellungsformen. Eine Darstellungsform ist die formale Art, in der ein zur Veröffentlichung in den Massenmedien bestimmter Stoff gestaltet wird. Ähnliche Begriffe sind Textsorten, Textgattungen, Genres oder Stilformen. Die Darstellungsformen sind das Handwerkszeug des Journalisten, mit denen er die Verständlichkeit fördert. Folglich ist es ein Wesensmerkmal von professionellem Journalismus, wenn die nachfolgend beschriebenen Textsorten zum Einsatz kommen. Dabei gibt es im Journalismus keinen genau definierten und allgemein verbindlichen Katalog, aber einen breiten Konsens über die wesentlichen Genres.

20 verschiedene Darstellungsformen können grob in drei Form-Gruppen eingeteilt werden:

Journalistische Darstellungsformen

Gruppe 1: Tatsachenbetonte Formen
- Nachricht
- Foto
- Bericht
- Reportage
- Feature
- Interview
- Schaubild
- Service

Gruppe 2: Meinungsbetonte Formen
- Kommentar
- Leitartikel
- Glosse
- Kolumne
- Karikatur
- Kritik/Rezension

Gruppe 3: Phantasiebetonte Formen
- Zeitungsroman
- Kurzgeschichte
- Spielfilm
- Hörspiel
- Fernsehspiel
- Witzzeichnung

Die dritte Gruppe »Phantasiebetonte Formen« ist aus Kundenzeitschriftensicht uninteressant, da dort außer des gezeichneten Witzes keine dieser Stilformen genutzt wird bzw. genutzt werden kann. Die beiden anderen Formgruppen sollen im Folgenden etwas näher betrachtet werden.

Tatsachenbetonte Darstellungsformen

Typisch für den deutschen Journalismus ist die strikte und in den Printmedien auch meist eingehaltene Trennung zwischen Nachricht und Meinung. Leser sollen auf den ersten Blick erkennen, ob in einem Artikel ein Sachverhalt oder ein Ereignis referiert wird oder ob der Verfasser eigene Argumente mitbringt und die Leser von seiner Meinung überzeugen will. Bei den tatsachenbetonten Formen enthält sich der Autor seiner Meinung und versucht, das Ereignis bzw. den Sachverhalt so objektiv wie nur möglich wiederzugeben.

Nachricht/Meldung

Die Nachricht oder Meldung ist die kürzeste Darstellungsform, die wir kennen, und selten länger als 20 Zeilen. Sie wird deshalb auch gerne Einspalter genannt. Sie gibt eine aktuelle Information über ein Ereignis, einen Sachverhalt oder ein Argument und folgt dabei bestimmten Regeln. Voraussetzung für eine Nachricht ist, dass die zu meldende Tatsache für die Zielgruppe neu und wichtig bzw. interessant ist. Die Nachricht ist nüchtern und sachlich, und sie hat einen streng hierarchischen Aufbau, in dem das Wichtigste zuerst kommt. Sie beantwortet vier journalistische W-Fragen:

- Wer?
  Wer hat etwas gesagt bzw. getan?
- Was?
  Was ist passiert?
- Wann?
  Zu welchem Zeitpunkt ist es geschehen?
- Wo?
  An welchem Ort ist es passiert?

Beispiel für eine Meldung

Überschrift: Papiere aus Reis
Lauftext: Die internationale Papierindustrie ist der größte Abnehmer von industrieller Stärke. Die jährliche Reisernte von rund 590 Millionen Tonnen trägt wesentlich zur Rohstoffgewinnung bei. Die Stärke aus den Körnern verbessert sowohl Glanz und Haltbarkeit als auch Bedruckbarkeit des Papiers. Und auch aus den pflanzlichen Reststoffen wie Reisstroh werden in China Büromaterialien, Haushaltstücher oder sogar Zeitungen gefertigt. Bei einem rapide ansteigenden Bedarf von Papier in

> den asiatischen Schwellenländern setzen mittelständische Firmen auf »nachwachsende Rohstoffe« wie Stroh, Hanf oder Bambus. [...] Allerdings kommt es bei der Produktion von Zellstoff aus Reisstroh im Heimatland des Papiers zu gravierenden Umweltproblemen. Insbesondere in der chinesischen Provinz Shandong auf der Strecke zwischen Shanghai und Peking belasten veraltete Reisstroh-Fabriken mit stinkenden Abgasen und toxischen schwarzen Abwässern aus der Zellulosegewinnung die Ortschaften. Die Regierung in Peking plant, weitere der Dreckschleudern stillzulegen.
>
> (PAPERNEWS. Nachrichten und Meinungen zum Thema Papier, 2002, 4)

Bericht
Der Bericht ist die längere Variante der Nachricht. Genauso sachlich, genauso nüchtern, aber schon mit mehr Hintergrund und Deutung. Die Länge variiert zwischen 20 und 200 Zeilen (Zwei- bis Vierspalter). Neben den vier W-Fragen (Wer, was, wann, wo), die auch schon in der Meldung beantwortet werden, gibt der Bericht auch noch Antworten auf die Fragen:

- Wie?
  Wie ist etwas passiert?
- Warum?
  Warum kam es dazu?
- Woher?
  Welche Quellen hat der Verfasser für seinen Artikel benutzt?

Nachricht und Bericht sind die mit Abstand am häufigsten benutzten Darstellungsformen im Journalismus.

> **Beispiel für einen Bericht**
>
> *Überschrift:* Der Speckgürtel trotzt der Konjunktur
> *Vorspann:* Der Landkreis München schließt sich halbkreisförmig um das Gebiet der Landeshauptstadt. Er verfügt über attraktive Wohnlagen und ist gut an die Münchner City angebunden. Zudem ist Bauland in vielen Gemeinden knapp. Deshalb hat der Abschwung der Münchner Zukunftsindustrien auf dem Markt für Wohnimmobilien kaum Spuren hinterlassen.

Lauftext (Ausschnitte): Mit 304.300 Einwohnern ist der Landkreis München der bevölkerungsreichste in Bayern. Seit 1995 wuchs die Zahl der Einwohner um 9,5 Prozent. Diese Entwicklung ist eng mit der der Landeshauptstadt verknüpft: Die Engpässe auf dem Münchner Wohnungsmarkt trieben viele Einwohner aufs Land [...].
Während bundesweit und auch in München die Zahl der Baufertigstellungen stetig zurückgegangen ist, war dieser Trend im Landkreis München nicht zu beobachten. [...]
Die Marktexperten der HVB Expertise erwarten aufgrund der positiven wirtschaftlichen Eckdaten eine weiterhin hohe Nachfrage nach Wohnungen und Eigenheimen. [...]

(HVB PRIVATE BANKING, 01/2004, 60-62)

Foto
Das Foto ist das optische Gegenstück zur Nachricht. Es ist die Bildnachricht. Sie ist meist eine Momentaufnahme des Zeitgeschehens. Ein Foto kann für sich alleine stehen, soll aber in Kombination mit einem Text meist das Thema illustrieren bzw. ihm einen zusätzlichen Aspekt abgewinnen.

Reportage
Vereinfacht gesagt ist die Reportage ein tatsachenbetonter, aber persönlicher Erlebnisbericht. Die Reportage kombiniert eine objektive Recherche und Schilderung mit einer subjektiven Auswahl der Tatsachen und subjektiven Sinneseindrücken (nicht Meinungen!). Der Reporter lässt den Leser teilnehmen an den Ereignissen und Emotionen. Er ist das Auge des Lesers. Für den Leser hebt er Distanzen auf und für ihn überschreitet er Barrieren. Lebendigkeit und Sinnlichkeit sind Wesenselemente der Reportage. Sie sind die Textgattung, mit der sich besonders eindrücklich Realität vermitteln lässt. Spielarten der Reportage sind der Report, die Milieustudie und das Porträt. Der Report ist ein farbenreicher Bericht über ein handlungsreiches Ereignis. Die Milieustudie ist die spannende und aufgelockerte Beschreibung von Handlung. Das Porträt ist die Vorstellung einer Persönlichkeit. Für viele Journalisten, aber auch für viele Leser sind Reportagen die Königsdisziplin unter den Darstellungsformen. Reportagen brauchen Platz, um ihre intensive Wirkung entfalten zu können: von 150 Zeilen aufwärts.

> **Beispiel für ein Porträt**
>
> *Überschrift:* Das Ende der Flegeljahre
> *Vorspann:* Ein Fernsehrüpel wird erwachsen. Stefan Raab zeigt sich in »TV Total« als gereifter Entertainer – und hat Erfolg als Musiker und Produzent
> *Lauftext (Ausschnitt):* Es ist noch gar nicht lange her, da hing im Büro von Stefan Raab kein einziger Anzug. Da ging er jeden Abend seine kleine beleuchtete Showtreppe ausschließlich in den Klamotten herunter, in denen er schon am Morgen seine Wohnung verlassen hatte. Turnschuhe, Jeans, zwei T-Shirts, das bunte mit den kurzen Ärmeln über dem weißen mit den langen Ärmeln. Heute reihen sich schicke Cordjacken auf der Kleiderstange, die seinem Schreibtisch gegenübersteht. »Die Anzüge trage ich, weil sie mir hingehängt wurden«, spielt Raab die Frage nach seinem Wandel im Lebenswandel herunter. Er und seriös – die Gleichung klingt selbst für seine Ohren zu schrill, um wahr zu sein. Nur eines sei auch klar, sagt er: »Ich kann nicht mehr auftreten, als wäre ich 25.«
>
> (DB MOBIL 06/04, 7)

Feature

Das Feature ist eine mit der Reportage verwandte Darstellungsform. Es versucht das Charakteristische eines Themas deutlich zu machen (Feature = Wesenszug), stellt jedoch stärker auf Hintergründe und Zusammenhänge ab und bedient sich dabei verschiedener Darstellungsformen. Das Feature wird gerne im Fernsehen und Hörfunk benutzt, um sperrige Themen wie Rentenreform oder Steuererhöhung anschaulich darzustellen. Ein typisches Feature-Thema ist aber auch »Herkunft und Bedeutung der Eier beim Osterfest«. Für Printmedien und damit auch Kundenzeitschriften ist das Feature eher untypisch.

> **Beispiel für ein Feature**
>
> *Überschrift:* Magie der Bewegung
> *Vorspann:* Der Drang zur Mobilität liegt dem Menschen im Blut. Die Suche nach einem besseren Leben, nach mehr Wohlstand ist die Triebfeder allen wirtschaftlichen Handelns. Eine kleine Zeitreise vom Jäger und Sammler bis zum Berufspendler und allzeit mobilen Manager von heute.

> *Lauftext (Ausschnitte):* Seit der Mensch existiert, zieht es ihn in die Ferne. Und nicht nur ihn: »Nichts ist älter als die Natur der Bewegung«, wusste schon der große italienische Forscher Galileo Galilei (1564-1642). (...)
> Wer in einem großen Unternehmen aufsteigen will, muss bereit sein, seinen Arbeitsplatz im Rhythmus von einigen Jahren zu verlegen, auch über Ländergrenzen hinweg«, sagt Professor Peter Glotz von der Universität St. Gallen. (...)
> Solche Geräte (der Tablet PC, Anm. d. A.) versprechen Flexibilität und Leistungsfähigkeit – aber auch Unabhängigkeit. Wer sein Büro virtuell dabei hat, kann seine Aufgaben an jedem beliebigen Ort der Welt erledigen. (...)
>
> (MICROSOFT MAGAZIN, 01/04, 16-20)

Das als Beispiel ausgewählte Feature bietet auf fünf Heftseiten außer dem Lauftext auch noch ein Interview mit dem Trendforscher Peter Wippermann »Leben im Transit«, eine Zeitleiste über die Entwicklung der Mobilität, einen Link ins Internet sowie illustrierende Fotos an.

Interview

Ein Interview ist es, wenn einer einem anderen Fragen stellt und darauf Antworten bekommt. Es ist ein Gespräch in Dialogform, das über eine Meinung oder einen Sachverhalt informieren will. Da der Laie in der Regel nicht weiß, wie rigide Interviews häufig vor der Veröffentlichung bearbeitet worden sind, hält er diese Darstellungsform für besonders authentisch und glaubhaft: »So hat er es gesagt!«. Es gibt Interviews zur Sache und zur Person. Beim Interview zur Sache wird die Meinung einer Person zu bestimmten Sachfragen eingeholt. Beim Interview zur Person werden die Persönlichkeit und der Charakter einer Person herausgearbeitet.

Spielarten des Interviews sind das Statement, bei dem lediglich eine Meinung zu einem Thema eingeholt wird, und das Rundgespräch, bei dem der Interviewer ein Gespräch mit mehreren Teilnehmern führt.

Darüber hinaus ist das Interview aber nicht nur eine journalistische Darstellungsform, sondern auch eine Methode des Recherchierens bzw. eine Fragetechnik zum Beschaffen und Überprüfen von Informationen.

Beispiel für ein Interview

Überschrift: 3 Fragen an Thomas Kausch
Vorspann: Ab dem 30. August gibt's bei SAT.1 neue Nachrichten: die »SAT.1-News«. Neuer Name, neues Studio und ein neuer Chef. Thomas Kausch, 41 Jahre alt, war schon dienstlich unterwegs in New York, Wien, der ganzen Welt. Seine letzte Station war das ZDF-Journal »heute nacht«.

Frage: Ihr Moderationsstil wird häufig als locker-souverän und gelassen charakterisiert. Wie würden Sie ihn selbst beschreiben?
Thomas Kausch: Als Reporter und Mensch ist mir eine gewisse Gelassenheit gegeben. Man sollte den Zuschauern keine Meinungen aufdrücken, aber die Dinge strukturieren. Ich finde es nicht schlimm, wenn ein Nachrichtenmoderator Stellung bezieht.

Frage: Absolute Neutralität ist Ihnen zu steril?
Thomas Kausch: Die einzige Seite, auf der ich stehen möchte, ist die Seite der Vernunft. Neutralität im Sinne von Unparteilichkeit in jedem Fall, aber keine in der Art, in der man nur noch Medium sein soll, ohne sich selbst seine eigenen Gedanken zu machen.

Frage: Der Nachrichtenmarkt ist hart umkämpft. Welche Möglichkeiten sehen Sie, den positiven Quoten-Trend fortzusetzen?
Thomas Kausch: Unsere Hoffnung ist, dass die Zuschauer sagen: »Die haben gut gearbeitet. Und der Kausch erklärt mir all das so, dass ich es tatsächlich verstehen kann.«

(TV KARSTADT 18/04, 5)

Schaubild

Schaubilder, auch Grafiken genannt, sollen Zahlen, Entwicklungen, Statistiken, Vorgänge oder Zusammenhänge auf einen Blick veranschaulichen. Schaubilder können für sich alleine stehen, werden aber häufig ergänzend eingesetzt, um den Teilaspekt eines Themas zu veranschaulichen oder um einen weiteren Leseanreiz zu bieten. Dieses Buch enthält zahlreiche Schaubilder.

Service

Fast alle Printmedien enthalten Rubriken wie »Tipps und Termine«. Kurze, in der Information auf das Wesentliche reduzierte Nachrichten wie Hinweise auf TV-Sendungen, Konzerte, neue Produkte, Aktienempfehlungen usw. fasst man unter der Darstellungsform Service zusammen. Da dieses Genre Nutzwert pur liefert, kommt auch kaum eine Kundenzeitschrift ohne es aus.

> **Beispiel für Service**
>
> *Dachzeile:* Ihr Recht
> *Überschrift:* Versicherung zahlt Batterien
> *Lauftext:* Hat eine private Krankenversicherung die Kosten für ein Hörgerät übernommen, muss sie später auch die Batterien bezahlen. Es handelt sich um erstattungsfähige Reparaturkosten, entschied das Landgericht München.
>
> (APOTHEKEN-UMSCHAU, 1.9.2004, 7)

Meinungsbetonte Darstellungsformen

»Die Presse erfüllt eine öffentliche Aufgabe, insbesondere dadurch, dass sie Nachrichten beschafft und verbreitet, Stellung nimmt, Kritik übt, in anderer Form an der Meinungsbildung mitwirkt oder der Bildung dient« (Hamburgisches Pressegesetz).

Wie das hamburgische weisen auch die Pressegesetze der anderen Bundesländer der Presse insgesamt eine öffentliche Aufgabe zu. Bestandteil dieser öffentlichen Aufgabe ist nicht nur das Verbreiten von Nachrichten, sondern auch das Ausüben von Kritik. Deshalb gehört die Meinungsäußerung zu den substanziellen Bestandteilen journalistischer Berufsausübung. Journalisten wollen immer auch überzeugen oder ihre Leser zur eigenen Meinungsbildung anregen. Deshalb benutzen sie neben den referierenden auch meinungsbetonte Darstellungsformen. »Mithilfe der Meinungs-Darstellungsformen werden Nachrichten ergänzt, gedeutet, in einen Zusammenhang gestellt, durchleuchtet und bewertet.« (Weischenberg 2001, 52). Nun sind Kundenzeitschriften formal keine Printmedien im Sinne dieses Gesetzes, da es sich genau genommen um die Werbepublikationen der Firmen handelt. Da sich diese aber auf dem Wege zu mehr Glaubwürdigkeit um die möglichst perfekte Simulation von Journalismus bemühen, müssen sie auch die meinungsbetonten Darstellungsformen einsetzen.

Kommentar

Die bekannteste und auch am häufigsten eingesetzte Darstellungsform, um die eigene Auffassung zu einem Thema zu äußern, ist der Kommentar. Er erörtert, interpretiert, bewertet und hinterfragt aktuelle Ereignisse, Tatsachen und Meinungsäußerungen.

Laut Stephan Ruß-Mohl haben Kommentare die folgende Funktion: »Kommentare sollen [...] Orientierungshilfe in der Nachrichten- und Meinungsflut sein, aber auch zur politischen Willensbildung und zur Machtkontrolle beitragen.« (Ruß-Mohl 2003, 71). Der Faktor Machtkontrolle spielt in Kundenzeitschriften sicherlich keine Rolle, aber als Orientierungshilfe kann ein Kommentar auch in einer Kundenzeitschrift wirken. Da Meinung und Nachricht getrennt werden, tritt ein Kommentar in der Regel nicht alleine auf. Der dem Kommentar zugrunde liegende Sachverhalt wird parallel in einem tatsachenbetonten Artikel behandelt.

Viele Redakteure betrachten das Kommentieren als ihre wichtigste Aufgabe. Im Gegensatz dazu ist das Interesse des Publikums an den Ansichten der Journalisten eher gering. Auf die Kundenzeitschriften übertragen heißt das, dass Kommentare für den erfolgreichen Gesamtauftritt sehr wichtig sind, es aber ausreicht, sie sparsam dosiert einzusetzen.

Beispiel für einen Kommentar

Auslöser für die Kommentierung war folgende Pressemitteilung der Bundestagsfraktion Bündnis 90/Die Grünen:
Erneuerbare Energien sind viel weniger kapitalintensiv, dafür aber arbeitsplatzintensiver als die Atom- oder Kohleenergie. Zum Beispiel können nachwachsende Rohstoffe Wertschöpfung in der Landwirtschaft schaffen. Statt Milliarden Euro für den Import von Öl aus dem Nahen Osten auszugeben, werden dann Wertschöpfung und Arbeitsplätze im heimischen Handwerk, im Maschinenbau und in der Landwirtschaft geschaffen.

Diese Pressemitteilung kommentierte Dr. Werner Müller, damals Vorstandsvorsitzender der RAG (heute Evonik, Anm. d.A.) wie folgt:
Deutschland braucht dringend einen verlässlichen Masterplan für die Energieversorgung der Zukunft. Basis dafür muss unser bewährter Energiemix sein. Ihn müssen wir jetzt nachhaltig zukunftssicher gestalten – dazu gehört die deutsche Kohle ebenso wie die erneuerbaren Energien.

Deutschland braucht dringend einen verlässlichen Masterplan für die Energieversorgung der Zukunft. Basis dafür muss unser bewährter Energiemix sein. Ihn müssen wir jetzt nachhaltig zukunftssicher gestalten – dazu gehört die deutsche Kohle ebenso wie die erneuerbaren Energien. Allerdings beläuft sich der Beitrag der erneuerbaren Energien – das sind im Wesentlichen Wasserkraft, Windenergie, Biomasse und Solarenergie – am Primärenergieverbrauch auf gerade einmal 3,1 Prozent und wird sich auch in nächster Zeit kaum merklich erhöhen lassen. Fossile Energieträger, mithin natürlich auch die deutsche Steinkohle, bleiben somit auf lange Sicht unverzichtbarer Bestandteil einer künftigen Energiepolitik. Laut einer aktuellen Studie des Deutschen Instituts für Wirtschaftsforschung müssen bis 2030 mindestens zwei Drittel der heutigen Kraftwerke neu gebaut oder modernisiert werden. Das wird 50 bis 60 Milliarden Euro kosten und kann so mithelfen, die Wirtschaft anzukurbeln. Dazu bedarf es einer Energie- und Umweltpolitik, die Planungssicherheit für diese Investitionen durch Verlässlichkeit gibt. Übertriebener ökologischer Ehrgeiz entzieht einer vernünftigen Umweltpolitik auf Dauer das Fundament. Denn er schadet der Volkswirtschaft, behindert das Wachstum und macht damit Investitionen, die auch umweltpolitisch sinnvoll sind, immer schwieriger.

(RAG MAGAZIN 02/2004, 3)

Leitartikel

Ein Leitartikel ist ein Kommentar seitens der Redaktion, der die Blattlinie wiedergibt. Kann ein Kommentar also die Meinung eines einzelnen Mitarbeiters sein, die von keinem anderen in der Redaktion geteilt wird, wird der Leitartikel immer stellvertretend für die Ansicht des Hauses stehen. Leitartikel sind argumentativ, kämpferisch, fordernd und fast immer politisch. In der Regel ist der Leitartikel durch eine feste Platzierung und auch optisch deutlich hervorgehoben. So findet er in der Wochenzeitung DIE ZEIT immer auf der ersten Seite statt, die FRANKFURTER ALLGEMEINE ZEITUNG hat für den Leitartikel die rechte Spalte auf Seite 1 reserviert. In Kundenzeitschriften spielt der Leitartikel fast nie eine Rolle, da sich das Gros der Blätter aufgrund anders gelagerter Inhalte nicht politisch äußert. Dort gehört das argumentative Feld eher seinem kleinen Bruder, dem Kommentar.

Kolumne

Unter einer Kolumne versteht man im Journalismus die regelmäßige Stellungnahme eines einzelnen, meist bekannten Journalisten oder Experten zu einem Themenfeld oder aber auch zu wechselnden Themen. So hatte die bekannte Journalistin Elke Heidenreich jahrelang eine viel gelesene Kolumne in der Frauenzeitschrift BRIGITTE. Ihre ebenso bekannte Kollegin Amelie Fried war Ausgabe für Ausgabe in JOURNAL FÜR DIE FRAU zu lesen. Was das Lästermaul Harald Schmidt Woche für Woche im Nachrichtenmagazin FOCUS abliefern darf, liegt auf der Grenze zwischen Kolumne und Glosse.

Beispiel für eine Kolumne

Fester Kolumnentitel: Gesünder Leben
Kolumnist: Professor Bankhofer
Titel: Wann isst man Weißbrot und wann Vollkornbrot?
Lauftext (Ausschnitt): (...) Wer sich für Vollkornbrot entscheidet, muss wissen: Man darf parallel dazu nicht zu Süßes, nicht zuviel Zucker konsumieren. Die Randschichten des vollen Korns verursachen gemeinsam mit dem Zucker Gärungen und Blähungen in Magen und Darm. Auch die Darmflora – die Welt der positiven, gesundheitsfördernden Darm-Bakterien – leidet unter dieser Kombination. Ideal aufs Vollkornbrot: Butter und Radieschen, Tomaten oder Paprikaschoten.
In der Praxis bedeutet das: Wenn jemand gerne Marmeladebrot genießt, dann sollte er die Marmelade auf Weißbrot oder auf weiße Brötchen streichen. Da kommt es nicht zu den Störungen im Darm. (...)

(BÄCKERBLUME: 32/2004, 10)

Glosse

Die Glosse ist ein eher kurzer Meinungsartikel, der einen Gesichtspunkt eines Themas meist überzogen (zum Beispiel spöttisch, ironisch, bissig oder pointiert) und stilistisch eigenwillig darstellt und kommentiert. Aufhänger für die Glosse ist meist eine aktuelle Information. Die Glosse kann einmalig eingesetzt werden oder in Serie. Wenn sie regelmäßig an identischer Stelle in einer Zeitschrift auftaucht, ist die Glosse gleichzeitig auch Kolumne (siehe Harald Schmidt in FOCUS).

Karikatur

Die Karikatur ist die gezeichnete Verwandte der Glosse. Früher hieß sie Spottbild oder Zerrbild. Die Karikatur veranschaulicht ein Thema, indem sie es überspitzt und witzig darstellt. Durch den aufgezeigten Kontrast zur Realität und die dargestellten Widersprüche soll der Betrachter zum Nachdenken angeregt werden. Ohne die dazugehörige Nachricht bleibt die Karikatur häufig unverständlich.

Kritik

Eine Kritik nennt man auch Rezension. Sie behandelt in der Regel kulturelle Themen, indem sie diese vorstellt und bewertet. TV-Kundenzeitschriften enthalten TV-Kritiken; KINONEWS, die Kundenzeitschrift von McDonald's, enthält Film- und Musikkritiken, und es werden auch Video- und Computerspiele besprochen. Da mit Kritik häufig auch die negative Bewertung gemeint ist, entsprechen die Kritiken in Kundenzeitschriften nur in eingeschränktem Umfang dem eigentlichen Wortsinn. Kundenzeitschriften besprechen zwar gerne neue Produkte aus dem eigenen Hause, stellen fast immer aber nur die positiven Eigenschaften heraus und lassen das Negative unter den Tisch fallen.

Beispiel für eine Rezension

Rezensiert wird das Buch: Der aktuelle BAFöG-Ratgeber
Überschrift: Gewusst wie
Vorspann: So gibt's mehr Geld vom Staat
Lauftext: Studium oder Fortbildung wäre gut, Kohle noch besser! Wie man studieren kann, ohne am Hungertuch zu nagen, zeigt das aktuelle Standardwerk »BAFöG-Ratgeber«. Mit Tipps und legalen Tricks steht der Klassiker bei allen Fragen rund um Studium, Ausbildung, Job und Praktikum zur Seite. In übersichtlichen Kapiteln werden alle rechtlichen Grundlagen für Laien verständlich erklärt und mit zahlreichen Fallbeispielen verdeutlicht. Ein wichtiges Handbuch für alle Ausbildungsfragen in Zeiten der Geldnot. Dann rollt der Euro …

(DAG MAGAZIN START 3/2003, 34)

Einen ungefähren Eindruck, welche journalistischen Darstellungsformen wie häufig benutzt werden, vermittelt eine Untersuchung von Pfannenberg und Wilde. Da sie bereits von 1998 stammt, ist sie nur bedingt aussagekräftig.

Der Anteil journalistischer Darstellungsformen in Kundenzeitschriften

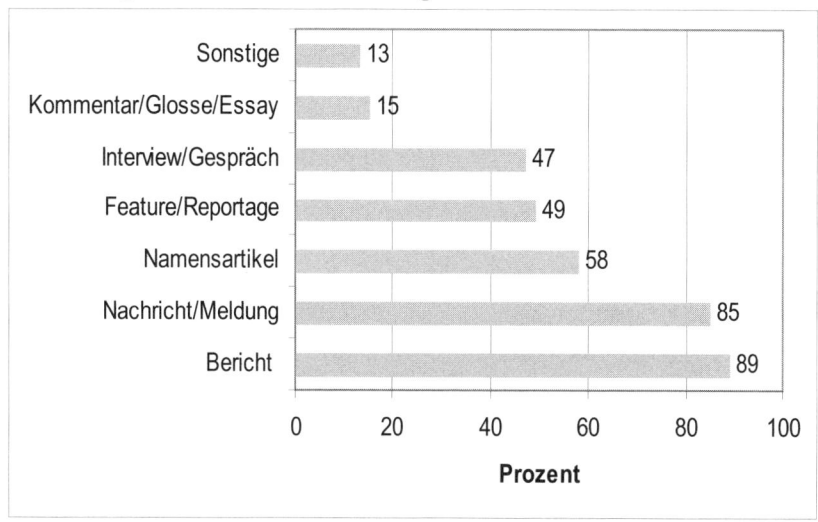

Quelle: Pfannenberg/Wilde 1998, o. S.; ausgewertet wurden 94 Unternehmensmagazine

Meldungen und Berichte werden von fast allen Kundenzeitschriften eingesetzt. »Die ›hohe Kunst‹ des journalistischen Handwerks ist in den Kundenmedien immer noch unterrepräsentiert. Features und Feature-Elemente tauchen zwar häufiger auf, Reportagen sind jedoch selten.« (Pfannenberg/Wilde 1998, o. S.) Das Schwergewicht der Kundenzeitschriften liegt augenscheinlich auf den tatsachenorientierten Textgenres. Die meinungsorientierten Formen werden aber auch Anfang 2010 eher selten eingesetzt. Pfanneberg und Wilde stellen allerdings auch fest, dass viele Kundenzeitschriften nicht sauber trennen, sondern in ihren Artikeln »Meinungs- und Berichtsformen« vermischen.

Je nach Thema entscheidet die Redaktion dann, in welcher Textform es umgesetzt wird, ob als kurze sachliche Nachricht oder als lange, sensible Reportage, ob in Gesprächsform als Interview oder mit eigener Meinung versehen als Kommentar. Die Recherche der Themen und ihre Umsetzung in den passenden Textformen ist das eigentliche Handwerk der Redaktion. Hier entscheidet sich zu einem großen Teil der Erfolg der Kundenzeitschrift. Die Themen müssen zum Unternehmen wie zu den Lesern passen und sie müssen so informativ, verständlich und unterhaltsam aufbereitet sein, dass die Leser sich im Idealfall schon auf die nächste Ausgabe freuen.

Wie deutlich das Unternehmen selbst in den Texten herausgestellt wird bzw. wie groß der Grad der Zurückhaltung sein sollte, kann nicht pauschal gesagt werden.

»Die Kunst liegt darin, innerhalb der Themenumsetzung möglichst viel Nähe zu Unternehmen und Marke zu schaffen, ohne dabei die Namen zu nennen. In einem gut gemachten Kundenmagazintext leben Unternehmen und Marke ›zwischen den Zeilen‹« (Schmitz 2004, 62).

Die Bildredaktion

Wenn Themen und Darstellungsformen festgelegt sind, beginnt die Arbeit der Bildredaktion. Textredakteur und Bildredakteur besprechen das Thema und überlegen sich, wie sie Intention, Aussagen und Personal eines Artikels am besten fotografisch umsetzen können. Gesucht wird die beste Bildidee, die sich umsetzen lässt. Viele Bildideen lassen sich nicht realisieren, weil sie in der zur Verfügung stehenden Zeit nicht organisierbar sind, weil sie in der Produktion zu teuer kommen oder weil die gewünschten Menschen nicht mitmachen. Manche Bildidee wird auch vom Herausgeber abgelehnt. Die Bebilderung hat einen prägenden Einfluss auf die gesamte Kundenzeitschrift. Eine Zeitschrift, die aus unpersönlichen Symbolbildern besteht, in denen gut aussehende namenlose Models bestimmte Lebenssituationen wie »Frühstück im Bett«, »Besuch beim Arzt« oder »Mit den Kindern im Park« simulieren, hat eine andere Ausstrahlung als eine Zeitschrift, in der die Fotos erkennbar an der Lebenswelt der Leser und den Markenwerten des herausgebenden Unternehmens ausgerichtet sind. Gut gelöst hat das zum Beispiel JACQUES JOURNAL, die Kundenzeitschrift der Weinhandelskette Jacques Weindepot. Dort werden die Leser in die Regionen entführt, aus denen die Weine kommen, die man in den Depots kaufen kann. Die Kundenzeitschrift zeigt die Weingüter, die Weinhänge und die vielen Macher im Weingeschäft. Die Fotos sind stimmungsvoll und warm, man sieht die Menschen, die auch in den Texten beschrieben werden. Alles ist aus einem Guss, und schon beim Blättern überkommt den Leser die Sehnsucht nach diesen Landschaften und den Weinen, die dort wachsen. Das lässt sich nur erreichen, wenn die Fotografen gut instruiert und auch vor Ort waren. Der Haken: Es ist teurer, als sich die Fotos der Region einfach von den jeweiligen Fremdenverkehrsämtern zu besorgen.

Für den Kostenapparat mögen die kostenlosen Werbefotos oder die sterilen Modelbilder aus dem Katalog wohltuend sein, für die Wirkung der Kundenzeitschrift sind sie es nicht, weil ihnen jegliche Authentizität und

Glaubwürdigkeit abgeht. Ganz schlimm ist es, wenn in der Kundenzeitschrift fotografischer Wildwuchs herrscht oder die redaktionellen Fotos in der Qualität nicht mit den Anzeigenmotiven mithalten können. Es empfiehlt sich deshalb, bereits in der Konzeptionsphase einen Style-Guide für die Kundenzeitschrift zu entwickeln, in dem genau fixiert wird, was bei Bildauswahl und Fotoproduktion zu beachten ist: Was geht und was nicht geht. Von Außenstehenden wird dieser Teil der Heftproduktion meist unterschätzt. Die Organisation von Fotoproduktionen, so genannten Shootings, ist aufwändig, weil neben dem Fotografen häufig auch noch die geeigneten Models und ein Maskenbildner besorgt werden müssen. Aber auch die Beschaffung von Bildmaterial über die Agenturen ist anstrengend und zeitintensiv. Für die Bildredaktion benötigt man deshalb erfahrene Mitarbeiter mit Stilgefühl, guten Kontakten zu Fotografen und Agenturen, die sich außerdem noch mit Nutzungsrechten und Etatverwaltung auskennen.

Layout und Dramaturgie

Wenn man verschiedene Zeitschriften durchblättert, stellt man im Vergleich fest, dass sich manche in der Struktur sehr ähneln, andere sich wieder völlig unterscheiden. So folgt in vielen Zeitschriften nach dem Titelblatt das Inhaltsverzeichnis, dann das Editorial des Chefredakteurs oder Herausgebers. Danach kommen zwei Seiten mit kurzen Meldungen, bevor eine Reportage über acht Heftseiten die Aufmerksamkeit der Leser beansprucht. Es gibt aber auch Zeitschriften, da folgen nach dem Inhaltsverzeichnis erst einmal zwei Doppelseiten mit je einem großen Foto und die kurzen Meldungen stehen ganz hinten im Heft.

Jede Zeitschrift folgt einer bestimmten Dramaturgie, d.h. es ist genau festgelegt, in welcher Abfolge die Ereignisse (Rubriken, kurze Geschichten, lange Geschichten usw.) zu erfolgen haben. Das Ziel ist dasselbe wie im Theater: Der Chefredakteur als Dramaturg möchte Spannung bis zum Schluss. Erreicht wird das durch den Wechsel von kleinteiligen Nachrichten und tiefgründigen Reportagen, zwischen sachlich-informierenden und emotional-bewegenden Fotos.

Am liebsten würden alle Blattmacher das erreichen, was Henri Nannen, der Gründer der Illustrierten STERN, seinen Redakteuren zu diesem Thema beibrachte: »Ein Magazin muss mit einem Vulkanausbruch beginnen und dann die Spannung steigern« (zitiert nach Deutsche Post o. J., 64). Für die richtige Dramaturgie einer Zeitschrift gibt es keine allgemein gültige Faustregel. Es gehört zur Aufgabe des Redaktionsleiters, die adäquate Mischung für seine Leser zusammenzustellen. Was nicht heißt, dass Ausgabe für Ausgabe die Mixtur eine neue ist. Die Inhalte können wechseln, aber die Rubriken und Kolumnen müssen feststehen. Der Leser würde es kaum verzeihen, wenn das Inhaltsverzeichnis einmal ganz am Anfang des Heftes ist, beim nächsten Mal in der Mitte und dann ganz hinten. Das gilt aber auch für die Titelgeschichte, eine Kolumne oder das Rätsel. Das Heft soll spannend sein, was aber keinesfalls auf Kosten der Bedienbarkeit gehen darf.

Was für das ganze Heft gilt, betrifft auch die einzelne Seite. Ein Einseiter zweispaltig mit Text bedruckt, ganz ohne Fotos, hat eine andere Wirkung als ein Einseiter, auf dem sich fünf kleine Meldungen und sechs Fotos tummeln. Der Zweispalter wirkt beruhigend und literarisch. Der Einseiter mit den vielen Meldungen und Fotos ist abwechslungsreicher und bietet mehr Leseeinstiege. Beide Seiten haben einen unterschiedlichen Spannungsbogen und sprechen unterschiedliche Lesertypen an. Beide Seitenmuster auf das komplette Heft übertragen sind sich dann aber schon wieder in einem ähnlich: In ihrer Gleichförmigkeit sind sie langweilig. Also macht auch hier der gekonnte Wechsel die Spannung aus.

Auch die Anzeigenplatzierung hat Auswirkungen auf die Heftdramaturgie. Viele kleinteilige Anzeigen machen das Heft unruhig und billig. Große Doppelseiten, aber auch einseitige Anzeigen, lassen sich gut als Trennelemente zwischen Heftrubriken oder auch zwischen langen Reportagen und kurzteiligen »News«-Seiten verwenden. Keinesfalls gehören sie in die Mitte eines Artikels.

Grundlagen des Layouts

Die grafische Gestaltung einer Kundenzeitschrift beginnt damit, dass verschiedene tragende Elemente definiert und am besten in einem eigenen Manual fixiert werden. Das sorgt dafür, dass alle am Layout Beteiligten in Zweifelsfällen nur kurz nachschlagen müssen.

Zu den tragenden Elementen gehören:

- Schriften
- Satzspiegel
- Spalten
- Bilder
- Zusatzelemente (Zwischenüberschriften, Grafiken, Kästen)

Im Manual werden diese Elemente genau definiert und anhand von Musterseiten umgesetzt.

Schriften: Lesbar müssen sie sein
Wer will, hat die Auswahl zwischen mehreren tausend Schriftarten. Theoretisch wäre es also denkbar, dass eine Kundenzeitschrift ihre Leser Ausgabe für Ausgabe mit einer neuen Schrift überrascht. Das macht natürlich niemand, weil die Überraschung negative Folgen nach sich ziehen würde. Kein Leser schätzt es, wenn die Schrift in seiner Zeitschrift ständig wechselt. Das gilt auch für die einzelne Ausgabe. Jeder Artikel in einer anderen Schrift – machbar, aber unvorstellbar. Die im Heft entstehende Unruhe wäre kontraproduktiv. Der Normalfall ist, dass Zeitschriften meistens eine Grundschrift für die Lauftexte einsetzen, manchmal können es auch zwei sein. Hinzu kommt meistens noch ein weiterer Schrifttyp, der für die Überschriften benutzt wird.

Als Laufschriften werden in der Regel so genannte Antiqua-Schriften benutzt. Das sind Schrifttypen, bei denen die Buchstaben in kleinen Häkchen und Schwüngen, den Serifen, enden. Diese Serifen sorgen im Auge des Betrachters für Bindung zwischen den Buchstaben und erleichtern so das ermüdungsfreie Lesen auch längerer Stücke. Eine Antiquaschrift ist beispielsweise die Times, die von zahlreichen Zeitschriften als »Brotschrift« benutzt wird. Auch die Garamond hat Serifen und wird in vielen Zeitschriften und Büchern wie auch diesem hier als Schrift benutzt. Serifenschriften wirken ein wenig antiquiert, sind aber gut lesbar. Groteskschriften wie die Helvetica haben keine Abschlussstriche und wirken moderner und plakativer. Sie werden deshalb bevorzugt für Überschriften eingesetzt. Es gibt aber mittlerweile auch Kundenzeitschriften, in denen Groteskschriften die Lauftexte transportieren. Die Mischung der beiden Schrifttypen sorgt für die erforderliche Spannung im Layout. Wird für Überschrift und Lauftext dieselbe Schrift gewählt, geht diese Spannung verloren.

Jede Schrift existiert zudem in verschiedenen Schriftschnitten. Es gibt sie in mager, fett, halbfett oder in kursiv. Mit den unterschiedlichen Varianten kann man unterschiedliche Wirkungen erreichen. Ist die Laufschrift mager, kann man mit fett oder kursiv gesetzten Worten etwas hervorheben. Der typische Aufbau eines layouteten Artikels sieht meist folgendermaßen aus:

- Überschrift in einer gefetteten Groteskschrift
- Vorspann des Artikels in einer gefetteten Antiqua
- Lauftext in einer mageren Serifenschrift
- Bildunterschriften in einer Groteskschrift

Natürlich muss neben dem Schriftschnitt auch die Größe der Schrift berücksichtigt werden. Schriftgrößen und der Abstand zwischen den Zeilen werden in Punkt gemessen. Ein Punkt entspricht 0,375 Millimetern. Minimalgröße für eine lesbare Laufschrift sind sieben Punkt. Die Obergrenze liegt bei zwölf Punkt. Ältere Zielgruppen werden es zu schätzen wissen, wenn die Laufschrift nicht kleiner als neun Punkt ist. Auch der Abstand zwischen den einzelnen Zeilen (Durchschuss) sollte nicht zu eng sein. Der Durchschuss sollte in der Regel zwei bis drei Punkt größer als die Schrift sein. Wenn also die Schrift acht Punkt Größe hat, beträgt der Zeilenabstand gut zehn Punkt.

Das »Font Book« der Typographie-Firma Font Shop gibt einen guten Überblick über Aussehen und Wirkung der meisten in Deutschland erhältlichen Schriften.

Satzspiegel: Wie viel Platz auf der Seite bedruckt wird
Wer in einem Buch blättert, stellt schon nach wenigen Seiten fest, dass auf jeder Seite exakt die gleiche Fläche mit Buchstaben bedruckt worden ist. Die weißen Ränder zum Bund hin, Stege genannt, sind nach oben, nach unten und nach außen immer gleich groß. Der gleichen für Ruhe sorgenden Regel folgen auch Zeitschriften. Mit dem Satzspiegel wird festgelegt, in welchem Rahmen die Textspalten auf einer Seite angelegt werden. Man kann die Stege größer machen, um das Layout durch ein Mehr an Weiß tendenziell etwas gediegener wirken zu lassen, oder man kann sie sehr schmal halten, um möglichst viel Text auf der Seite unterzubringen. Fast immer aber wird man der bewährten Regel folgen, dass der Steg zum Bund hin am schmalsten und der Fußsteg am breitesten ist. Für Fotos muss der Satzspiegel nicht verbindlich sein. Sie können – und sind in der Praxis häufig so angelegt – dass sie über den Satzspiegel hinaus bis in den Anschnitt reichen.

Spalten: Drei pro Seite sind üblich
Die Frage nach der idealen Spaltenbreite in einer Kundenzeitschrift ist schnell beantwortet. Wenn Spalten zu schmal sind, sind sie anstrengend zu lesen, weil das Auge ständig in die nächste Zeile springen muss. Sind sie zu lang, rutscht das Auge schon mal aus der Zeile. Die Idealzeile hat deshalb 35 bis 38 Anschläge. Daraus ergibt sich beim DIN-A-4-ähnlichen Standardformat der Kundenzeitschriften ein Dreispalten-Layout. Auf zwei Spalten greift man nur dann zurück, wenn man das Layout beruhigen und einen buchähnlichen, literarischen Eindruck hervorrufen will. Vierspalter hingegen werden gerne für Meldungsseiten benutzt, die viele kurze Elemente enthalten.

Bilder: Der erste Blick gilt dem Foto
Ein Text mag inhaltlich noch so interessant und spannend sein, wenn der Leser eine Zeitschrift aufschlägt, fällt sein erster Blick in aller Regel auf ein Foto. Fotos sind aufmerksamkeitsstärker und erzählen ihre Geschichte in Sekundenbruchteilen. Entsprechend sollten sie im Layout eingesetzt werden. Sie müssen also Inhalt und Tenor der Artikel unterstützen. Das ist einfach, wenn es sich um ein Interview handelt. Da will der Leser mit dem ersten Blick sehen, wie derjenige aussieht, mit dem da gesprochen worden ist, und in der Folge ergänzen Fotos das Interview, die die im Text angesprochenen Themen illustrieren. Das ist schon schwieriger bei einem Artikel über attraktive Geldanlageformen, der bebildert werden soll. Die verwendeten Fotos sollten immer eine Aussage haben, damit sie nicht überblättert werden. Werden mehrere Fotos auf einer Doppelseite verwendet, sollten sie hierarchisch angeordnet sein. Das wichtigste Bild ist größer als die anderen und macht die Geschichte auf. Zu viele Fotos überfordern den Leser. Fotos können Aufmerksamkeit auf sich ziehen durch ihren Inhalt, aber auch durch ihre Bearbeitung. Ungewöhnliche Bildausschnitte (zum Beispiel nur die Augen eines Gesichts) ziehen die Aufmerksamkeit auf sich, aber auch ungewöhnliche Perspektiven auf einen Raum, Gegenstand oder eine Person, ebenso wie ganz oder teilweise freigestellte Fotos. Für alle Tricks gilt, dass sie nur in einer gewissen Dosierung funktionieren, eine Überfrachtung aber immer durch Missachtung bestraft werden wird. Früher galt, dass Menschen auf Fotos im Layout immer zum Bund hin schauen und keinesfalls aus dem Heft herausschauen sollten. Das führte in der Praxis immer wieder dazu, dass Porträts bisweilen spiegelverkehrt abgedruckt wurden, um diesen Effekt zu erreichen. Diese Bildauffassung hat sich überlebt, so dass auch nicht mehr gekontert und damit verfälscht werden muss.

Es gibt immer noch Kundenzeitschriften, die ihre Fotos ohne begleitende Bildunterschriften in das Layout stellen. Die verantwortlichen Macher vertrauen wohl darauf, dass die ausgewählten Fotos sämtlich so aussagestark sind, dass erläuternder Text überflüssig ist. Nur trifft das in den wenigsten Fällen zu. Selbst zu einem vermeintlich banalen Foto, das ein Gebäude des Unternehmens und den auf dem Dach des Gebäudes montierten Schriftzug des Unternehmens zeigt, gehört der erklärende Hinweis, um welches Gebäude an welchem Ort es sich dabei handelt. Besonders ärgerlich allerdings wird es, wenn ein Artikel zwar mit den Fotos der handelnden Personen illustriert worden ist, diese aber nicht per Bildunterschrift benannt worden sind. Kaum ein Leser wird sich die Mühe machen, die Personen anhand kleiner Hinweise im Lauftext zu identifizieren.

Zusatzelemente: Zwischentitel, Kästen und Grafiken
Ein Thema wird nur noch selten so dargestellt, dass es einen Lauftext mit Vorspann, Überschrift und den dazu passenden Fotos gibt. Fast überall kommen weitere redaktionelle Elemente hinzu. Beinahe Standard sind mittlerweile Zusatzelemente wie Kästen oder Grafiken. Beide Elemente sorgen einerseits für zusätzliche Aufmerksamkeit und beziehen andererseits eine weitere Ebene der Informationsübertragung mit ein. Mit einem Kasten kann zum Beispiel ein Interview hervorgehoben werden, das die Aussagen des Lauftextes unterstützt bzw. in einem Teilaspekt vertieft. In einem Kasten können aber auch zusätzliche Service-Informationen untergebracht werden. Manche Magazine beschließen jedes Thema mit einem Service-Kasten, in dem weiterführende Informationen zum Thema gegeben werden bzw. auf zusätzliche Informationen im Internet hingewiesen wird. Auch Infografiken (zum Beispiel Tortendiagramme, Balkendiagramme, Kurven, Tabellen und Karten) bieten einen zusätzlichen Nutzwert und ziehen damit Leser in das Thema hinein. Zwischenüberschriften, das sind ein- bis dreizeilige Texte, die in den Lauftext hineingestellt werden und durch ihre Schriftgröße sofort auffallen, sollen ebenfalls zusätzliche Leseanreize bieten und das Layout auflockern.

Relaunch: Anpassung an den Zeitgeist
Zeitschriften sind keine statischen Produkte, die innerlich und äußerlich unverändert Jahrzehnte überdauern können, ohne Schaden zu nehmen. Genauso wie Autos im Design immer wieder neu aufgelegt werden und die abgerundeten Formen des Golf VI nicht mehr viel mit den eckigen Kanten des ersten Golf gemein haben, so müssen auch Kundenzeitschriften dem Zeitgeist angepasst werden. Das kann kaum merklich geschehen, indem immer wieder nur kleine Elemente erneuert werden; oder es kann sehr offenkundig gemacht werden, wenn alle zwei, drei Jahre ein komplett neues Layout aufgelegt wird. Dabei soll der Relaunch selbstverständlich nicht den sich wandelnden Geschmack der Verantwortlichen, sondern den der Zielgruppe befriedigen. Das heißt, vor der Änderung in der grafischen Gestaltung steht die Befragung der Leser.

Ein Layout, das dem Corporate Design des Unternehmens und den Leserwünschen gerecht wird, kann nicht mal eben so aus dem Ärmel geschüttelt werden, selbst wenn die Werbung für moderne Grafik-Software mitunter den Eindruck vermittelt. Dafür braucht man Fachleute, die unter anderem wissen, wie Farben und Schriften wirken, die also das entsprechende Know-how mitbringen und auch Erfahrung. Beides ist in den Marketingabteilungen der Unternehmen selten vorhanden und sollte deshalb bei kundigen Dienstleistern eingekauft werden.

Technische Mindestanforderungen für Redaktion und Layout

Ein Arbeitsplatz benötigt:
(Gesamtkosten: ca. 15.000 Euro)
- Computer mit 20-Zoll-Bildschirm
- Layoutprogramm (z.B. Adobe Indesign)
- Drucker für A-3-Formate
- Flachbettscanner mit Durchlichtaufsatz (für Grobscans)
- Bildbearbeitungsprogramm (z.B. Photoshop)
- Datenverbindung

Druckvorstufe: die Fehlerquelle
Wenn die Texte und Bilder im Layout zusammengeführt worden sind, bekommt man auf dem Computerbildschirm schon eine sehr gute Vorstellung von der fertigen Kundenzeitschrift. Die wird noch besser, wenn man sich die Seiten verkleinert ausdrucken lässt und sie in der Reihenfolge, wie sie auch im fertigen Heft stehen werden, an der Wand feststeckt. Für die Redaktion ist in dieser Phase die Arbeit am laufenden Heft so gut wie beendet. Denn nun müssen die Seiten nur noch für den Druck vorbereitet werden. Doch sollte dieser Produktionsschritt, die Druckvorstufe, nicht unterschätzt werden. Wenn hier nicht überaus genau und sorgfältig gearbeitet wird, kann es zu Fehlern kommen, die nicht nur das Ergebnis verzerren, sondern auch ins Geld gehen können.

Die meisten Kundenzeitschriften werden im Offset-Druck gefertigt. Während beim Digitaldruck die Heft-Daten direkt in den Druckereicomputer übertragen werden, werden im Offset-Verfahren in einem Zwischenschritt Druckfilme erstellt. Sie sollten in jedem Fall sorgfältig kontrolliert werden, bevor sie zum Herstellen der Druckplatten freigegeben werden. Da Druckfilme für ungeübte Augen nur schwer zu kontrollieren sind, können von ihnen auch so genannte Proofs hergestellt werden. Diese Proofs nehmen das zu erwartende Druckergebnis nahezu 100-prozentig vorweg. Auf ihnen können letzte Farbänderungen oder Korrekturen von fehlerhafter oder falscher Typografie vorgenommen werden. Die meisten Druckereien können solche Fehler noch kurzfristig beseitigen. In der Regel lassen sie sich die nachträglichen Änderungen aber teuer bezahlen. Folglich ist es besonders wichtig, dass die Heftdaten bereits in der Redaktion sorgfältig kontrolliert werden.

Druck: Gute Beziehung ist wichtig
Der Produktionsprozess einer Kundenzeitschrift wird mit dem Druck abgeschlossen. Es ist nicht schwierig, einen Drucker zu finden, der die Kundenzeitschrift druckt. Es gibt ausreichend Druckkapazitäten, und da man aufgrund der Digitalisierung der Daten nicht mehr von einem Standort abhängig ist, kann der Drucker auch im Ausland sitzen. Es ist allerdings bereits schwieriger, einen Drucker zu finden, der nicht nur preiswert ist, sondern auch zuverlässig hohe Qualität liefert und dabei noch flexibel ist. Wie gut der Drucker ist, erkennt man, wenn es in der Redaktion mit den Abgaben mal wieder knapp wird oder vor Druckbeginn schnell noch Änderungen in den Druckvorlagen durchgeführt werden müssen. Flexible Druckereien haben in der Vergangenheit schon so manche Panne der redaktionellen Arbeit auswetzen können.

7.4 Vertrieb und Administration

Vertrieb: Der Postversand dominiert

Über 60 Prozent aller Kundenzeitschriften erreichen ihr Ziel auf dem Postweg. Damit dominiert dieser Vertriebsweg mit Abstand. Oft werden verschiedene Vertriebswege parallel genutzt. Neben dem Postversand spielt noch das Auslegen der Kundenzeitschrift am Point of Sale eine große Rolle. Kommt der Kunde bei der Niederlassung oder dem Geschäft des Herausgebers vorbei, findet er dort seine Kundenzeitschrift zum Mitnehmen vor. Auch die Übergabe der Kundenzeitschrift durch den eigenen Außendienst spielt eine größere Rolle.

Teile der Kundenzeitschrift werden zudem auch noch in vielen Fällen in das Internet gestellt. Häufig dient das Internet auch der Vertiefung von Themen oder der Verbreitung aktualisierter Informationen. Aber der mit Abstand wichtigste Vertriebsweg führt über die Post, die die Kundenzeitschriften direkt zum Kunden nach Hause oder an seinen Arbeitsplatz bringt.

Der Vertrieb beginnt bereits in der Druckerei. Viele Drucker bieten im Rahmen ihres Leistungspaketes auch die Versandaufbereitung an. Diese Leistung kann man aber auch bei darauf spezialisierten Lettershops oder bei der Post einkaufen. Viele Herausgeber legen ihren Kundenzeitschriften noch ein persönliches Anschreiben bei. Auch diese müssen gedruckt vorliegen, wenn die Kundenzeitschriften von der Druckmaschine kommen. Im Rahmen der Versandaufbereitung werden sie mit den Kundenzeitschriften zusammengeführt, in Umschläge gesteckt, frankiert und zu versandfertigen und nach Postleitzahlen vorsortierten Paketen aufbereitet. So werden die Pakete von der Post übernommen, die die Zeitschriften dann als Pressesendung innerhalb von ein bis zwei Tagen zu den Kunden nach Hause oder an den Arbeitsplatz bringt. Die Versandart Pressesendung hat beträchtliche Kostenvorteile gegenüber dem normalen Briefversand. Um von der Post jedoch als kostengünstige Pressesendung akzeptiert zu werden, müssen Kundenzeitschriften verschiedene formale Voraussetzungen erfüllen:

Abbildung: Distributionswege der Kundenzeitschrift

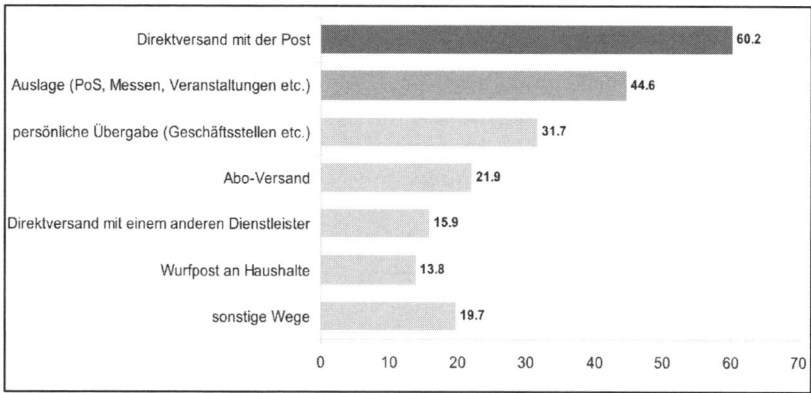

Quelle: EICP 2008, 24 (Angaben in % der Titel, Basis: n = 205 Titel B2C, gewichtet)

Formale Bedingungen für die Pressesendung der Post

- Erscheinungsweise: mindestens einmal pro Quartal.
- Mindestmenge: 1.000 Exemplare je Einlieferung.
- Kontinuierliche innere und äußere Gestaltung: in einem Mindestformat von 90 x 140 Millimeter.
- Presseübliches Druckverfahren und presseübliche buchbinderische Verarbeitung.
- Titelseite: Abdruck von Titel und Nummer, dazu Erscheinungstag, der Erscheinungsmonat oder das Erscheinungsquartal.
- Höchstgewicht pro Sendung: 1.000 Gramm dürfen nicht überschritten werden.
- Jeder muss das Magazin beziehen können.

> - Der Herausgeberzweck der Zeitschrift muss der Unterhaltung und/oder der Information dienen.
> - Reine Werbesendungen sind nicht möglich.
> - Prospekte, Werbepost oder Bestellkataloge können nicht über die Presse-Distribution vertrieben werden.
>
> Deutsche Post o. J., 114)

Der Postversand selbst ist allerdings nur so gut wie das Adressmaterial, das ihm zugrunde liegt. Wenn der Herausgeber für den Versand minderwertiges, das heißt nicht aktuelles und überprüftes Datenmaterial zur Verfügung stellt, leidet die Zielgruppengenauigkeit. Die mit der Versandaufbereitung beschäftigten Firmen können die Adressdateien lediglich auf Doppelungen und richtige Postleitzahlen hin überprüfen.

Neben der Post versuchen andere Anbieter (zum Beispiel TNT, Pin) in den Vertriebsmarkt der Kundenzeitschriften einzudringen. Mit wachsendem Marktanteil machen sie der Post das Leben schwer.

Administration: Urheberrechte berücksichtigen

Bei der Produktion von Kundenzeitschriften wird oft ein Teil der zu erledigenden Tätigkeiten an freie Mitarbeiter übergeben. Immer wenn die Dienste von freien Autoren, Redakteuren, Grafikern, Illustratoren oder Fotografen in Anspruch genommen werden, müssen nicht nur Art und Umfang der Aufgabe sowie das Honorar abgeklärt, sondern auch Fragen der Urheber- und Verwertungsrechte mit diesen geklärt werden. Kann der Text des Autors nur einmalig in der Kundenzeitschrift abgedruckt werden oder darf er auch noch im Internetauftritt und auf einer CD-Rom eingesetzt werden? Auch die vorgeschriebenen Aufzeichnungen für die Berechnung der Abgaben an die Künstlersozialkasse sind sicherzustellen. Im Jahr 2010 galt bundesweit ein einheitlicher Abgabensatz von 3,9 Prozent der vereinbarten und gezahlten Honorare.

7.5 Kostenmanagement und Honorare

Die Kosten für eine Kundenzeitschrift können erst dann kalkuliert werden, wenn die folgenden Kostenblöcke im Detail bekannt sind:

1. Kostenblock *Redaktion und Gestaltung*
- Projektmanagement
- Textredaktion
- Bildredaktion
- Grafik
- Autorenhonorare
- Fotohonorare
- Bildbearbeitung

2. Kostenblock *Herstellung*
- Lithografie
- Reprografie
- Druck. Die Druckkosten werden beeinflusst von:
   - Anzahl der Farben (einfarbig bis sechsfarbig)
   - Papierart
   - Papiergewicht
   - Druckverfahren (Digital, Offset oder Tiefdruck)
   - Weiterverarbeitung (Klebebindung oder Drahtheftung)
   - Auflagenhöhe

3. Kostenblock *Vertrieb*
- Versandaufbereitung
   - Adressaufbereitung
   - Begleitschreiben
   - Kuvertieren
   - Frankieren

- Vertriebsart
   - Postversand
   - Zustellen über Trägerorganisationen
   - Wurfsendung
   - Außendienst
   - Point of Sale
   - Auslage an Traffic Points

Da sich die Erscheinungsweise, der Heftumfang und das Heftformat der Kundenzeitschrift verhältnismäßig stark auf den Kostenapparat einer Kundenzeitschrift auswirken, sind dies auch häufig die Stellschrauben, mit denen die Kosten beeinflusst werden sollen.

Tabelle: Kostenbeispiele für Kundenzeitschriften (inklusive Druck)

Magazinqualität	Seiten	Zielgruppe	Auflage	Kosten in Euro
Magazin/Newsletter	16 + 4	B2B	10.000	25.000 - 35.000
Magazin/Newsletter	16 + 4	B2C	100.000	45.000 - 55.000
Magazin/Standard	24 + 4	B2B	10.000	36.000 - 50.000
Magazin/Premium	24 + 4	B2C	100.000	58.000 - 72.000
Magazin/Standard	32 + 4	B2C	10.000	48.000 - 66.000
Magazin/Premium	32 + 4	B2C	100.000	71.000 - 89.000
Magazin/Standard	48 + 4	B2C	10.000	70.000 - 96.000
Magazin/Premium	48 + 4	B2C	100.000	97.000 - 117.000
Magazin/Standard	64 + 4	B2C	10.000	98.000 - 132.000
Magazin/Premium	64 + 4	B2C	100.000	126.000 - 160.000
Magazin/Standard	64 + 4	B2C	10.000	129.000 - 171.000
Magazin/Premium	64 + 4	B2C	100.000	159.000 - 201.000

Quelle: Schmitz 2004, 55; die Kostenbeispiele enthalten nicht die Versandkosten

In der Planungsphase einer Kundenzeitschrift dürfen auch die einmalig anfallenden Kosten nicht vergessen werden. Das sind die Ausgaben für die Konzeption und auch für die Erstellung von Musterseiten oder ganzen Probeheften (Dummies), die vor dem regelmäßigen Start der Kundenzeitschrift anfallen.

Kostenbeispiele für Kundenzeitschriftenproduktion

Gewerk	pro Stunde (von/bis) in Euro	Seitenpauschale (von/bis) in Euro
Konzeption	100 bis 200	-
Beratung	100 bis 150	-
Projektmanagement	45 bis 75	50 bis 200
Redaktion/Text	65 bis 150	200 bis 600
Gestaltung/Grafik	65 bis 150	200 bis 450
Druckvorstufe/Lithografie	-	125 bis 350
Bild	siehe Tabelle »Bildhonorare«	
Druck	abhängig von vielen variablen Parametern; Angebote einholen	
Vertrieb		

Quelle: Schmitz 2004, 55

Bildhonorare für Kundenzeitschriften in Euro

Auflage bis:	Abbildungsformat bis:					
	1/8 Seite	1/4 Seite	1/2 Seite	1/1 Seite	2/1 Seite	Titel
5.000	85	105	165	285	485	575
10.000	95	120	185	310	500	600
25.000	105	130	205	330	530	655
50.000	115	140	220	355	570	705
100.000	125	155	245	390	630	780
250.000	140	170	270	430	690	860
500.000	150	190	300	480	775	955

Quelle: www.plainpicture.de/preise.html/Kundenzeitschriften, zitiert nach Schmitz 2004, 54

8 Beruf

Jahrzehntelang hatten Kundenzeitschriften unter Journalisten einen eher schlechten Ruf. Mit plumper Produktwerbung und BÄCKERBLUME-Charme wollten die meisten nichts zu tun haben. Sie vermissten journalistischen Anspruch und publizistische Bedeutung bei den Magazinen der Unternehmen. Kundenzeitschriften hatten in etwa das Image und die Faszination von kostenlos verteilten Anzeigenblättern. Doch die Hemmschwelle, sich mit diesem Zeitschriftensegment ernsthaft zu beschäftigen, ist in den letzten Jahren deutlich niedriger geworden.

Das Wachstum des zweiten Zeitschriftenmarktes insgesamt, die spürbare Qualitätssteigerung vieler Titel und die Krise der übrigen Medien sind dafür verantwortlich, dass das Corporate Publishing in den letzten Jahren zum interessanten Arbeitsmarkt für Journalisten, Layouter, Fotografen, Öffentlichkeitsarbeiter und Werber geworden ist.

Die Arbeitgeber im Corporate Publishing freuen sich über die wachsende Attraktivität, bringt sie ihnen doch eine größere Auswahl und besser qualifizierte Mitarbeiter ein.

Arbeitgeber

Arbeitsplätze bei Kundenzeitschriften werden angeboten von den herausgebenden Unternehmen und den Dienstleistern, welche die Zeitschriften produzieren. Sie benötigen vor allem Texter, Redakteure und Grafiker. Niemand kennt ihre genaue Gesamtzahl.

Hinter den Kundenzeitschriften im deutschsprachigen Raum stehen etwa 2.000 Herausgeber. Die Zahl der Verlage und Dienstleister, die Kundenzeitschriften produzieren, wird bei bis zu 1.000 liegen. Dazu kommt noch eine unbekannte Zahl von Einzelpersonen, die Kundenzeitschriften quasi im Alleingang realisieren. Es dürften also 5.000 Journalisten und etwa halb so viele Grafiker sein, die mit Kundenzeitschriften hauptberuflich ihr Geld verdienen. Gezahlt wird bei Kundenzeitschriften in Anlehnung an die Tarifsätze, die in Deutschland für Zeitschriftenredakteure üblich sind. Da zahlreiche Mediendienstleister aber nicht Tarifpartner sind, liegen die Gehälter in der Praxis häufig unter den unten abgebildeten Tarifsätzen.

Tarifsätze für Redakteurinnen und Redakteure von Zeitschriften

Berufsjahr	Bruttomonatsgehalt in Euro
ab 1. Berufsjahr	3.031
ab 4. Berufsjahr	3.402
ab 7. Berufsjahr	3.881
ab 10. Berufsjahr	4.200
ab 15. Berufsjahr	4.378

Quelle: Gehaltstarifvertrag für Redakteurinnen und Redakteure an Zeitschriften, Stand: 1.10.2009

Qualifikationen

Da es keine allgemein anerkannte Ausbildung zum Kundenzeitschriften-Redakteur oder zum Kundenzeitschriften-Grafiker gibt, speist sich der Arbeitsmarkt aus dem Pool aller Journalisten und Layouter mit Printerfahrung. Verstärkt wird der Wettbewerb noch durch zahlreiche Öffentlichkeitsarbeiter und Werber, die ebenfalls einen Teil der geforderten Qualifikationen mitbringen, und deshalb um die Plätze in den Kundenzeitschriftenredaktionen konkurrieren.

Der Branchenverband FCP hat eine Liste der Qualifikationen erstellt, die er von Redakteuren und Layoutern für Kundenzeitschriften erwartet. Daraus geht hervor, dass vor allem vielseitig und flexibel einsetzbare Allrounder gesucht werden. »Ein Corporate-Publishing-Redakteur ist meist nicht nur Redakteur, sondern auch Chefredakteur, Kolumnist und Kommunikationsberater in Personalunion«, heißt es in dem internen Papier.

»Oft werden parallel mehrere Projekte von Kunden aus unterschiedlichen Branchen betreut. Der Redakteur muss also Universalist sein und trotzdem jedes Fachthema redigieren können. Er agiert als Vermittler zwischen den werblichen Ansprüchen des Kunden und dem journalistischen Selbstverständnis des Mediums. Obendrein erstellt er Heftkonzepte, verantwortet die Produktion und die Einhaltung der Projektbudgets. Ähnlich tanzen die Layouter auf mehreren Hochzeiten und müssen gleichzeitig vom kleinteilig Bunten bis zum edel Avantgardistischen alle Stilrichtungen beherrschen. Die Bildredaktion übernehmen sie auch noch« (werben & verkaufen 2003, 80).

Die Mediendienstleister benötigen also Mitarbeiter, die nicht nur texten oder layouten können, sondern auch noch das Projektmanagement übernehmen und den Kontakt zum Auftraggeber halten. Derart universal ausgebildete Mitarbeiter kommen bislang nicht von den Hochschulen, da es keine auf Kundenzeitschriften ausgerichteten Studiengänge gibt. Auch in der außerbetrieblichen Weiterbildung mangelt es an Angeboten, die sich an die speziellen Bedürfnisse von Kundenzeitschriftenmitarbeitern richten. Volontariate, die auch von Kundenzeitschriftenverlagen angeboten werden, orientieren sich in der Regel an den Vorgaben des Zeitschriftenvolontariats, ohne dass diese allerorten eingehalten werden. Folglich lernen die Berufseinsteiger das, was ihnen noch fehlt, bei der täglichen Arbeit. Ein geregeltes Ausbildungswesen sucht man in der Branche vergebens. Auch das Forum Corporate Publishing, das sich ja die Qualitätssteigerung auf die Fahnen geschrieben hat, hat in dieser Hinsicht bislang noch nichts bewegt. »Dafür fehlen die Mittel«, sagt Horst Moser, Geschäftsführer von Independent Medien Design und Mitglied im FCP. Moser selbst ist überzeugt, dass er die »Editorial Designer«, wie er sie braucht, nur selbst ausbilden könne. »Wir wollen die Besten haben. Woanders können die nichts lernen« (werben & verkaufen 2003, 80).

Ausbildungswege

Wer seine berufliche Zukunft in der Redaktion einer Kundenzeitschrift sieht, kann dieses Ziel auf vielerlei Wegen erreichen, da der Berufszugang nicht geregelt ist und sich auch noch keine Usancen herausgebildet haben.

Grundsätzlich ist es möglich, eine PR-Ausbildung zu absolvieren und nach deren Abschluss über die Öffentlichkeitsarbeitsabteilung eines Unternehmens in die Redaktion der Kundenzeitschrift zu wechseln. Doch welche PR-Ausbildung ist die Richtige? Allein in Deutschland bieten mehr als zwei Dutzend Aus- und Weiterbildungsinstitute PR-Ausbildungen an. Niemand, auch nicht der Berufsverband der Öffentlichkeitsarbeiter, die Deutsche Public Relations Gesellschaft (DPRG), hat den Überblick. So gibt es Studiengänge, Kompaktseminare, vom Arbeitsamt geförderte Vollzeitausbildungen, den Beruf begleitende Kurse und Fernstudiengänge.

Die Qualität schwankt in einer großen Bandbreite und nur wenige Kurse halten, was sie versprechen. Ausbildungen zum PR-Berater oder PR-Referenten dauern in der Regel zwischen zwölf und 24 Monaten. Die meisten Kursprüfungen werden von der Deutschen Akademie für Public Relations (DAPR) oder von der DPRG abgenommen, eine einheitliche Regelung jedoch fehlt (Schmidt 2002, o. S.). Außerdem spielen die vielfältigen und vor allem journalistisch geprägten Anforderungen von Kundenzeitschriften in diesen Ausbildungen nur eine untergeordnete Rolle.

Redakteure von Kundenzeitschriften sollen einerseits gute Journalisten sein, aber andererseits auch einiges von Unternehmens-PR (Corporate Branding, Corporate Publishing) und Redaktionsmanagement (Budgetierung, Personalführung, Qualitätskontrolle, Redaktionsmarketing) sowie von Crossmedia verstehen. Es empfiehlt sich deshalb eine Ausbildung zum Journalisten, bei der die für die Ausübung des Berufes notwendigen Elemente der Öffentlichkeitsarbeit und des Redaktionsmanagements gezielt dazu erworben werden können. Da im Journalismus ein Hochschulstudium mittlerweile die Regel ist, müssen auch zukünftige Redakteure von Kundenzeitschriften diese Voraussetzung erfüllen. Es könnte für viele Interessenten deshalb sinnvoll sein, an einer Hochschule zu studieren, an der man Journalismus und Öffentlichkeitsarbeit in einem Studiengang erlernen kann. Unter dieser Prämisse reduziert sich das unüberschaubare Angebot der Journalismus- und Medienstudiengänge auf einen Schlag auf zwei Angebote. An der Fachhochschule Hannover kann ein Journalistikstudium aufgenommen werden, das auch zahlreiche Bausteine der Öffentlichkeitsarbeit enthält. An der Fachhochschule Gelsenkirchen kann der Studiengang Journalismus und Public Relations innerhalb von sechs Semestern studiert werden. Der Lehrplan ist inhaltlich sehr breit angelegt, so dass er optimal auf die universalen Anforderungen an Kundenzeitschriften-Redakteure vorbereitet. Durch diverse Praxisprojekte, die die Studierenden innerhalb des Studiums für Wirtschaftsunternehmen und Medien abwickeln, und Lehrredaktionen in Print, TV, Hörfunk und Online sammeln die Studierenden bereits während des Studiums überdurchschnittlich viele praktische Erfahrungen. Der folgende Lehrplan gibt einen Überblick über das Studium in Gelsenkirchen-Buer.

**Studium Journalismus und Public Relations
an der Fachhochschule Gelsenkirchen**

Pflicht-Module 1. bis 4. Semester	Semester
Modul Berufsfeld Journalismus und PR	
Einführung Journalismus	1
Einführung PR	1
Modul Schreibwerkstatt	
Schreibwerkstatt 1	1
Schreibwerkstatt 2	2

Modul Grundlagen der Kommunikation	
Kommunikationswissenschaft	1
Sprachliche Kommunikation	1
Visuelle Kommunikation	1

Modul Sozialkompetenz	
Sozialkompetenz	1
Präsentationstechniken	1

Modul Medienproduktion 1	
Medienproduktion	1
Grafik- und Layoutprogramme	1

Modul Redaktionelle Kompetenz	
Presseclub	2
Recherche	2
Medienrecht	3

Modul Arbeitsmarkt Kommunikation	2
Modul Mediale Rahmenbedingungen	
Modul Politische Grundlagen	2
Modul Betriebswirtschaftslehre	2

Gestaltungswerkstatt	2
Medienproduktion 2	2
Modul Lehrredaktion Online, Print, Hörfunk oder TV	3
Modul PR-Vertiefung	3+4
Modul Ressortjournalismus	3+4
Fachsprache I und II	3+4
Modul Methoden-Kompetenz	3
Modul Praxis-Projekt 1	4

Pflicht-Module im Schwerpunkt Journalismus	Semester
Modul Praxisprojekt 2	5

Modul Wirtschaftsjournalismus	
Wirtschaftsjournalismus	5
Anwendungsgebiete Wirtschaftsjournalismus	5

Modul Journalismus als Beruf	

Berufsfeld Journalismus	6
Redaktionsmanagement	6
Bachelor-Arbeit	6
Bachelor-Kolloquium	6
Dazu kommen noch Wahlmodule wie Corporate Publishing oder Corporate Design.	
Pflicht-Module im Schwerpunkt PR	
Praxisprojekt 2	5
Strategien und Instrumente der PR	5
Public Relations als Beruf	
Anwendungsgebiete der PR	5
Berufsfeld Public Relations	6
Management-Wissen	
Marketing-Vertiefung	5
Unternehmensorganisation und -führung	6
Bachelor-Arbeit	6
Bachelor-Kolloquium	6
Dazu kommen noch Wahlmodule wie Corporate Publishing oder Corporate Design.	

Das Studium wird nach sechs Semestern mit dem Bachelor of Arts abgeschlossen.

Die Schweizerische Text Akademie bietet zusammen mit dem European Institute for Corporate Publishing (EICP) seit 2009 den sechsmonatigen berufsbegleitenden Hochschullehrgang »Corporate Publisher« an. Absolventen dieser Ausbildung sollen befähigt sein zur:

- Analyse von Medienmärkten im Rahmen der Unternehmenskommunikation, die alle verfügbaren Medien und Communities umfasst
- Konzeption, Präsentation und Erfolgskontrolle orchestrierter Kommunikationslösungen – von Printprodukten wie Mitarbeiter- oder Kundenmagazinen, über E-Journals bis zu Microsites und Bewegtbildprojekten
- Projektführung in Verlagen, Agenturen und Unternehmen als »Corporate Publishing Manager.

Die Ausbildung kostet 5.590 Euro. Noch tiefer in die Tasche greifen müssen Studierende, die den ersten universitären Corporate-Publishing-Master absolvieren wollen. Der von der privaten Leipzig School of Media angebotene berufsbegleitende Studiengang startete im Herbst 2009 und setzte bereits einschlägige Berufserfahrungen voraus. Die drei Semester kosten 16.500 Euro. Einen Bachelor- oder Master-Studiengang zum Thema Corporate Publishing, der zu den üblichen Studiengebühren studiert werden kann, gibt es im deutschsprachigen Raum bislang nicht.

Glossar

Absatzsteigerung: Ein Ziel, das von Unternehmen mit der Herausgabe von Kundenzeitschriften verbunden wird, ist die Absatzsteigerung. Die Verkaufsförderung kann dabei direkt durch die Vorstellung von Produkten oder Dienstleistungen in der Kundenzeitschrift erfolgen oder indirekt durch den Ausdruck der Wertschätzung, den die regelmäßige Übergabe der Zeitschrift an den Kunden bedeutet, stimuliert werden.

ARMAda: Pilot-Untersuchung des Instituts für Demoskopie in Allensbach, um Daten über Reichweiten, Leserschaft und Lesegewohnheiten von Kundenzeitschriften zu gewinnen. Solche Daten werden für etwa 2.600 Kaufzeitschriften in Deutschland regelmäßig erhoben (AWA) und sie werden im zweiten Zeitschriftenmarkt benötigt, um besser Anzeigen für Unternehmensmagazine akquirieren zu können. Im Jahr 2000 führten die Marktforscher 2.239 Interviews mit den Lesern von Kundenzeitschriften. Die Untersuchung ergab eine hohe Akzeptanz in der Leserschaft und Werte, die den Vergleich mit Kaufzeitschriften nicht scheuen müssen. Die Pilotstudie wurde bislang nicht in eine regelmäßige Studie umgewandelt, da die Finanzierung nicht sichergestellt werden konnte.

Corporate Publishing: Corporate Publishing bezeichnet das Veröffentlichen von Zeitschriften, Büchern, Newslettern, Geschäftsberichten und anderen Medien im Auftrag von Unternehmen, Organisationen und Vereinen. Mit diesen, möglichst aufeinander abgestimmten Medien sollen die Kunden informiert, unterhalten und gebunden werden. Hauptziele sind der Imageaufbau, die Kundenbindung, die Gewinnung von neuen Kunden und mitunter auch die Verkaufsförderung.
Im Gegensatz zum verlegerischen Publizieren dient das Corporate Publishing nicht direkt der Gewinnerzielung.

Couponing: Coupon ist der Sammelbegriff für verschiedene Arten von Gutscheinen, die zu einer Sonderleistung (zum Beispiel Rabatt) berechtigen. Davon abgeleitet ist der Marketing-Begriff Couponing. Dabei handelt es sich um zeitlich begrenzte Aktionen der Verkaufsförderung, die den Kundennutzen durch Gewährung einer Sonderleistung erhöhen und den Kunden zum Kauf des beworbenen Produkts anregen. Beispiel: Eine Drogerie-Kette gewährt einen Preisnachlass auf ein Haar-Shampoo gegen Vorlage eines Spar-Gutscheins der Drogerie-Kette.

Crossmedia: Wenn digital gespeicherte Informationen (Daten) nicht nur für Druckerzeugnisse verwendet werden, sondern auch für CD-Roms oder die Internet-Seite, dann spricht man von Crossmedia. Für Crossmedia werden quasi medienneutrale Datenbanken benötigt, in denen Texte, Bilder, Grafiken, Audio- und Videodateien gespeichert werden können, bevor sie ohne viel Aufwand in verschiedenen Medien eingesetzt werden können.

Customer Relationship Communication (CRC): CRC ist eine wesentliche Säule einer CRM-Philosophie. CRC integriert und optimiert auf der Grundlage einer Kundendatenbank und einer Unternehmens- und Produktpositionierung medienübergreifend alle Prozesse der Unternehmenskommunikation. Zielsetzung ist die Harmonisierung aller kommunikativen Unternehmens- und Produktbotschaften, ausgerichtet auf Kunden-Lebenszyklen und mit dem Ziel, Kundenbindung zu verstärken.

Emotional Publishing: Theorie im Corporate Publishing, die davon ausgeht, dass nicht harte Produktinformationen beim Verkaufen helfen, sondern weiche Geschichten. Demnach sei es besser, die Geschichte vom glücklichen Huhn zu erzählen, als das Produkt Ei zu beschreiben.

Forum Corporate Publishing: Das Forum Corporate Publishing (FCP) ist der 1999 gegründete Verband der Mediendienstleister im deutschsprachigen Sprachraum, die Corporate Publishing-Produkte wie Kundenzeitschriften, Kundenbücher, Geschäftsberichte, Prospekte, Newsletter, Internetauftritte und Business-TV konzipieren und realisieren. Das Forum Corporate Publishing zählt zu seinen Zielen den Imageaufbau, die Schaffung von Markttransparenz, den Aufbau von Qualitätsstandards, die Dokumentation branchenspezifischer Entwicklungen und die offensive Interessenvertretung gegenüber Wirtschaft, Medien und Öffentlichkeit in Deutschland, Österreich und der Schweiz. Das FCP hatte Anfang 2010 rund 100 Mitgliedsunternehmen. Damit ist das FCP der größte Interessenverband seiner Art in Europa. Das Forum Corporate Publishing hat seine Geschäftsstelle in München (www.forum-corporate-publishing.com).

European Institute for Corporate Publishing (EICP): 2006 vom Forum Corporate Publishing gegründet, soll das EICP das Corporate Publishing professionalisieren und qualitativ verbessern. 2008 hat das EICP eine erste Basisstudie zum Corporate Publishing im deutschsprachigen Raum durchführen lassen (European Institute for Corporate Publishing / Zehnvier 2008).

Glaubwürdigkeit: Für den Erfolg von Kundenzeitschriften spielt ihre Glaubwürdigkeit eine wichtige Rolle. Dadurch, dass Kundenzeitschriften inhaltlich und äußerlich gemacht sind wie klassische Kaufzeitschriften, profitieren sie von deren Glaubwürdigkeit. Während Werbung in der Regel als solche erkannt wird, verbergen sich die Unternehmensbotschaften in Kundenzeitschriften hinter ihrer journalistischen Aufmachung.

Image: Ein Image ist die Vorstellung, die sich ein Mensch von etwas macht. Hat ein Unternehmen ein positives Image bei einer Vielzahl von Menschen, kann es bei gleichen oder zumindest ähnlichen Preisen seine Produkte oder Dienstleistungen besser absetzen als ein vergleichbares Unternehmen mit einem negativen Image. Kundenzeitschriften gelten als ein adäquates Mittel, um ein Image positiv zu beeinflussen.

Integrierte Kommunikation: Von integrierter Kommunikation spricht man in einem Unternehmen, wenn die Kommunikationsinstrumente aller Unternehmensbereiche (Öffentlichkeitsarbeit, Werbung, interne Kommunikation) optimal untereinander abgestimmt sind und einheitlich nach außen wirken. Ist in der Realität allerdings eher selten anzutreffen, da gewachsene Unternehmensstrukturen mit vielen Abteilungen oder Profit-Centers und noch mehr Verantwortlichen die integrierte Kommunikation erschweren.

IVW: Die Informationsgemeinschaft zur Feststellung der Verbreitung von Werbeträgern (IVW) prüft die Auflagen werbeführender Zeitungen und Zeitschriften. Gilt in der Werbewirtschaft als vertrauensbildendes Gütesiegel. Kundenzeitschriften sind in der IVW nur selten vertreten.

Kundenbindung: Da die meisten Märkte gesättigt sind, die Neukundengewinnung immer schwieriger wird, konzentrieren sich viele Unternehmen darauf, ihre Bestandskunden zu halten. Es ist wesentlich preiswerter, einen Kunden zu halten als einen neuen Kunden zu gewinnen. Da die Kunden von heute schneller zur Konkurrenz wechseln als früher, sollen regelmäßig zugestellte Kundenzeitschriften die Bindung zum Unternehmen verstärken.

Kundenzeitschriften: Zeitschriften, die von Unternehmen in der Regel kostenlos herausgegeben werden zum Zwecke des Imageaufbaus, der Imagepflege, der Kundenbindung, der Kundengewinnung und/oder der Absatzförderung. Andere Begriffe: Kundenmagazine, Unternehmensmagazine, Business-Zeitschriften, Stakeholder-Zeitschriften, Club-Zeitschriften.

Magalog: Der Magalog ist eine Mischung aus Zeitschrift und Katalog, das heißt neben (wenigen) redaktionellen Beiträgen stehen (meist) viele Produktvorstellungen. Beispiele für Magaloge sind TITUS, CONLEY's(beide Mode) und REISE NEWS.

Marketing-Mix: Der Marketing-Mix ist die Operationalisierung der Medienmarkenstrategie eines Unternehmens. Er besteht aus den vier Bereichen Angebotspolitik, Preispolitik, Distributionspolitik und Kommunikationspolitik. Die vier Bereiche werden im Sinne der Positionierung ausgeführt und umgesetzt. Die Kundenzeitschrift agiert dementsprechend innerhalb der Kommunikationspolitik.

Mitarbeiterzeitschriften: Unternehmens- und einrichtungsinterne Zeitschriften, die sich an die eigenen Mitarbeiter wenden. Sie dienen der Mitarbeiterinformation und -motivation. Ihre Gesamtzahl wird auf etwa 2.500 geschätzt (Mänken 2004, 10).

Relaunch: Mit Relaunch ist der Neustart einer Zeitschrift gemeint. Auch Kundenzeitschriften werden in unregelmäßigen Abständen inhaltlich und optisch überarbeitet, um sie neuen Anforderungen anzupassen, sie werden relauncht. Wird nur die visuelle Gestaltung verändert, spricht man dagegen von Redesign.

Response: Ob Befragung oder Gewinnspiel, wenn Kundenzeitschriften in den Dialog mit ihren Lesern treten, hoffen sie auf eine hohe Responsequote. Je mehr Leser am Gewinnspiel teilnehmen oder den ausgefüllten Befragungsbogen an die Redaktion zurückschicken, desto besser ist der Rücklauf. Je höher der Response, desto größer ist der Erfolg.

Literatur

Avenarius, Horst (2000): Public Relations. Die Grundform der gesellschaftlichen Kommunikation. Darmstadt.

Bäuerle, Ferdinand (1991): Kundenzeitschrift. In: Bäuerle, Ferdinand/Pflaum, Dieter (Hg.): Lexikon der Werbung. (4. Auflage), Landsberg am Lech, 218–224.

Baumgart, Christine (2003): Die Kundenzeitschrift als Instrument der Kundenbindung am Beispiel des Audi Magazins.. Gelsenkirchen (Bachelor-Thesis am Fachbereich Maschinenbau, Studiengang Journalismus & Technik-Kommunikation der Fachhochschule Gelsenkirchen).

Behnken, Wolfgang (2002): Handwerk muss stimmen. In: Forum Corporate Publishing (2002e): Fact Book 02, München, 30–31.

Berg, Hermann-Josef / Kalthoff-Mahnke, Michael / Wolf, Eberhard (2008): Jahrbuch Interne Kommunikation 2008. Perspektiven der Internen Kommunikation. Die Besten Mitarbeiterzeitungen und -zeitschriften in Deutschland. Dortmund.

Bischl, Katrin (2000): Die Mitarbeiterzeitung. Kommunikative Strategien der positiven Selbstdarstellung von Unternehmen. Wiesbaden.

Bucher, Hans-Jürgen/ Altmeppen, Klaus-Dieter (2003) (Hg.): Qualität im Journalismus. Wiesbaden.

Campillo-Lundbeck, Santiago (2003): Kundenkommunikation. Das Arsenal wird größer. In: Acquisa. 4/2003, 36–39.

Cauers, Christian (2005): Mitarbeiterzeitschriften heute, Flaschenpost oder strategisches Medium. Wiesbaden 2005.

ComX (2002): Leistungspotential einer Kundenzeitschrift. Bochum.

Czwikla, Christina (2004): Kundenzeitschriften. Eine Alternative für Journalisten in Zeiten der Medienkrise. Gelsenkirchen (Bachelor-Thesis am Fachbereich Maschinenbau, Studiengang Journalismus & Technik-Kommunikation der Fachhochschule Gelsenkirchen).

Dahlem, Pia (2009): Couponing im Corporate Publishing (CP Wissen Fokus), Penzberg.

Daniel, Matthias (2003a): Corporate Nestwärme. In: PR Magazin 3/2003, 54–55.

Derichs, Lothar (2003): Nur für die Besten. Corporate Publishing Ausbildung. In: Werben & Verkaufen 37/2003, 80.

Derieth, Anke (1995): Unternehmenskommunikation. Eine Analyse zur Kommunikationsqualität von Wirtschaftsorganisationen. Opladen.

Deutsche Post AG (2004): Keine Zweifel am Instrument Kundenmagazin, Pressemitteilung. In: CP Watch vom 3.8.2004.

Deutsche Post AG (o. J.): Handbuch Kundenzeitschriften. Konzeption, Herstellung und Vertrieb von Kundenzeitschriften. München.

Deutsche Post AG (1999): Jahrbuch 2000. Kundenzeitschriften: Trends und Perspektiven 2000. Marktstudien, Kalkulationen und Fallbeispiele. München.

Diekhof, Rolf (2002): Der pure Luxus. In: Werben & Verkaufen 16, 53–55.

Diekhof, Rolf (2001): Kasse machen. In: Werben & Verkaufen, Analysen und Trends,16, 14–16.

Dörfel, Lars (Hg.) (2005): Strategisches Corporate Publishing. Berlin

Eicher, Michaela (2003): Kundenzeitschriften: Imagegestaltung im Zeitschriftenformat? Eine Inhaltsanalyse zur Funktion von neun Schweizer Kundenzeitschriften. (Lizentiatsarbeit am Institut für Publizistikwissenschaft und Medienforschung der Universität Zürich). Luzern.

Elsen, Markus (2003): Magazine mit Mission. In: Werben &Verkaufen 14, 28.

European Institute for Corporate Publishing (EICP)/Zehnvier (2010): Basisstudie II. Corporate Publishing. Ergebnisbericht, München und Zürich.

European Institute for Corporate Publishing (EICP)/Zehnvier (2009): CP Barometer, München und Zürich.

European Institute for Corporate Publishing (EICP)/Zehnvier (2008): Basisstudie Corporate Publishing. Ergebnisbericht, München und Zürich.

Forum Corporate Publishing (2009a): Fact Book 7. Trends, Tools, Facts im Corporate Publishing. München.

Forum Corporate Publishing (2009b): BCP – Best of Corporate Publishing. Ausgezeichnete Unternehmenspublikationen. München.

Forum Corporate Publishing (2009c): Dienstleister-Guide. Corporate Publishing. München.

Galinowski, Jana (2003): Kundenzeitungen wechseln ins Profilager. In: VDI Nachrichten vom 30.5.2003, 9.

Göbel, Uwe (2002): Zeitschriftengestaltung im Wandel. In: Vogel, Andreas/Holtz-Bacha, Christina (Hg.): Zeitschriften und Zeitschriftenforschung. Sonderheft Publizistik. Vierteljahresheft für Kommunikationsforschung. Heft 3. Wiesbaden, 219–242.

Goeke, Jan (2009): Glaubwürdigkeit im Corporate Publishing und Interdependenzen zwischen Journalismus und Public Relations. Bielefeld (Bachelorarbeit).

Grossenbacher, René (2002a): Messbare Wirkung im Corporate Publishing. In: Marketing & Kommunikation 30, H. 12.

Hardenbicker, Markus (1999): Kundenzeitschriften. Ein linguistischer Beschreibungsansatz auf kommunikationsanalytischer Grundlage. Frankfurt.

Hantke (2009): PR unter dem Deckmantel des Journalismus. Wie glaubwürdig sind Kundenzeitschriften? Gelsenkirchen (Bachelor-Thesis am Institut für Journalismus und PR der Fachhochschule Gelsenkirchen).

Hartmann, Wolfgang/Kreutzer, Ralf T./Kuhfuß, Holger (Hg.) (2003): Handbuch Couponing. Wiesbaden.

Hasenbeck, Manfred (2003): Bücher, Bohnen, Blasentee. Neue Umfelder für TV-Programm. Berlin (Powerpoint-Präsentation anlässlich der PPS-Open-Komdays-Fachtagung am 1. September 2003, 7 Charts).

Hasenbeck, Manfred (2001): Alle Register ziehen. In: Werben & Verkaufen 16, 74.

Hasselhorst, Christa (2001): Gesunde Lektüre. Kundenmagazine Versicherungen. In: Werben & Verkaufen (2001): Kundenmagazine, Heft vom 20.4.2001. München, 60–62.

Heijnk, Stefan (1998): Starker Trend in Richtung Camouflage. In: Sage & Schreibe, Heft 4, 10–11.

Hettler, Johanna (2002): Wirkt meine Kundenzeitschrift? In: PR-Magazin 33, Heft 8, 37.

Hingst, Armin/Schäfer, Dirk (2001): Das maßlos unterschätzte Medium. In: Absatzwirtschaft 44, Heft 4, 124–127.

Hinterhuber, Hans H./Matzler, Kurt (2002) (Hg.): Kundenorientierte Unternehmensführung. Kundenorientierung – Kundenzufriedenheit – Kundenbindung. (3., akt. u. erw. Aufl.) Wiesbaden.

Hönig, Claus (1998): Nur wenige können mithalten. In: Sage & Schreibe, Heft 4, 10–13.

Hoff, Hans (2002): Auf Kunden-Fang. In: Medium Magazin 6, 38–41.

Holzmüller, Hartmut H./Bozic, Natascha (2004): Kundenzeitschriften. Eine Erfolgsstory. Dortmund (Broschüre).

Institut für Demoskopie Allensbach (2000): Kundenzeitschriften sind beliebt und werden gelesen. In: Allensbacher Berichte, Heft 4, 1–7.

Kleinert, Nadine (2008): Trojanisches Pferd Kundenzeitschrift. Journalismus versus Public Relations. Die Magazine von Audi, BMW, Mercedes und Porsche in der Analyse. Stuttgart.

Kückelhaus, Andrea (1998): Public Relations. Die Konstruktion von Wirklichkeit. Kommunikationstheoretische Annäherungen an ein neuzeitliches Phänomen. Opladen.

Kunczik, Michael (2002): Public Relations. Konzepte und Theorien. (4. Aufl.) Köln/Weimar/Wien.

Laue, Joachim (2001): Herausragende Kundenperiodika. In: Marketing & Kommunikation 29, Heft 12, 18–20.

Löw, Elke (2001): Kundenzeitschriften auf dem Prüfstand. In: Werben & Verkaufen, Analysen & Trends 16, 15.

Luksch, Alexa/Schneider, Helmut (2009): Wirkungsindikatoren für Kundenzeitschriften (Arbeitspapier Nr. 1), Berlin

Mänken, E.W. (2004): Mitarbeiterzeitschriften noch besser machen. Wiesbaden.

Marincovic, Daniel (2009): Die Mitarbeiterzeitschrift, Konstanz.

Martini, Bernd-Jürgen (1998): Kunden-Pflege: Mehr Marketing mit Magazinen. In: Martini, Bernd-Jürgen (Hg.): Handbuch Public Relations. Öffentlichkeitsarbeit & Kommunikationsmanagement in Wirtschaft, Verbänden, Behörden. (2. Auflage) Neuwied/Kriftel/Berlin, 2.251.

Martini, Bernd-Jürgen (1999): Unternehmen verstärken Corporate Publishing. In: Martini, Bernd-Jürgen (Hg.): Handbuch Public Relations. Öffentlichkeitsarbeit & Kommunikationsmanagement in Wirtschaft, Verbänden, Behörden. (2. Auflage) Neuwied/Kriftel/Berlin, 2.252.

Mast, Claudia/Fiedler, Katja (2004): Mitarbeiterzeitschriften im Zeitalter des Internet. Eine Umfrage bei Banken und Versicherungen. (Kommunikation und Management, Band 5), Hohenheim.

Mast, Claudia (2002): Unternehmenskommunikation. Ein Leitfaden. Stuttgart.

Matter, Olivier (2002): The Corporate Publishing practice of the top 300 companies in Switzerland. A theoretical and empirical description. Lugano.

Menhart, Edigna/Treede, Tilo (2004): Die Zeitschrift. Von der Idee bis zur Vermarktung. Konstanz.

Mercer Management Consulting (2003): Couponing – erfolgversprechendes Marketinginstrument der Zukunft. Im Internet unter: http://wwwmercermc.com.

Mickeleit, Thomas/Ziesche, Birgit (Hrsg.) (2006): Corporate TV. Die Zukunft des Unternehmensfernsehens. Berlin.

Möhlmann, Bernd (2002): Zehn essentielle Gründe für ein Corporate Magazine! In: Corporate Publishing Review VIII/2002, 8.

Möller, Christian (2002): Die Kundenzeitschrift als Instrument der Public Relations. Eine Inhaltsanalyse von 14 Kundenzeitschriften aus der Autobranche. Zürich (Lizentiatsarbeit am Institut für Publizistikwissenschaft und Medienforschung der Universität Zürich)..

Moser, Horst (2001): Design Kundenzeitschriften. In: Forum Corporate Publishing. Fact Book 2001. München, 38–40.

Müller, Frank (1999): Die Renaissance der Kundenzeitschrift. Ottobrunn.

Niedenthal, Clemens (2003): Neues vom Lieblings-Thai. In: Die Tageszeitung vom 11.7.2003, 18.

Nussbaum, Cordula (2004 a): Gratisgaben. In: MediumMagazin 10, 52–53.

Nussbaum, Cordula (2004 b): Schnellboote. In: MediumMagazin 10, 54–55.

Pfannenberg, Jörg/Wilde, E. (1998): Kundenzeitschriften und Unternehmensmagazine: Drehscheibe der Kommunikation. O.O.

Pfautsch, Sabine (2009): Die Wahrnehmung von Anzeigen in Kundenzeitschriften. Gelsenkirchen (Bachelor-Thesis am Institut für Journalismus und PR der Fachhochschule Gelsenkirchen).

Pindeus, Kerstin (2009): Corporate Publishing in Industrieunternehmen. Eine empirische Untersuchung hinsichtlich Bedeutung und Einsatz von Kundenzeitschriften. Saarbrücken.

Plan P. (1999): Kundenzeitschriften im Corporate Publishing, Hamburg.

Presse-Programm-Service (2003): Kundenmagazine mit Programmteil. Berlin (Powerpoint-Präsentation von Thomas Münsterer)

Publicom AG (2003): Instrument zur Beurteilung von Unternehmensmedien. In: http://www.publicom.ch/pdf/comm_cmbc.pdf (29.4.03).

Rasche, Bernd (2003a): Das Risiko mit Kardinal Lehmann. Das Magazin »McK Wissen«. Corporate Publishing im Auftrag von McKinsey als Qualitätsjournalismus – geht das? In: Frankfurter Rundschau online (www.fr-aktuell.de) vom 12. 5.2003.

Rasche, Bernd (2003b): »PR-Kunden sind doch nicht blöd«. McK Wissen-Chefredakteurin Susanne Risch über Corporate Publishing. In: Welt am Sonntag vom 23.3.2003, 36.

Redaktion Wirtschaft (1995): Kundenzeitschriften in Deutschland. Kosten und Organisation. Hamburg.

Röttger, Ulrike (2002): Kundenzeitschriften: Camouflage, Kuckucksei oder kompetente Information? In: Vogel, Andreas/Holtz-Bacha, Christina

(Hg.): Zeitschriften und Zeitschriftenforschung. Sonderheft Publizistik. Vierteljahresheft für Kommunikationsforschung. Heft 3, Wiesbaden, 109–125.

Röttger, Ulrike (2001): Kundenmagazine sind Grenzgänger. In: Marketing & Kommunikation. 29, Heft 12, Beilage 6–7.

Röttger, Ulrike (2000): Public Relations. Organisation und Profession. Öffentlichkeitsarbeit als Organisationsfunktion. Eine Berufsfeldstudie. Opladen/Wiesbaden.

Rüdell, Norbert (2004): Verkauf rückt ins Zentrum. Immer mehr Unternehmen und Dienstleister positionieren Kundenzeitschriften als verkaufsförderndes Instrument. In: Horizont 16, o. S.

Rüedi, Werner (2001): Potenziale nicht ausgeschöpft. In: Marketing & Kommunikation 29, 7/8, Beilage 12–14.

Sachs, Sybille (2000): Die Rolle der Unternehmung in ihrer Interaktion mit der Gesellschaft. Bern/Stuttgart/Wien.

Schankath, Vera (2008): Die Sprache des Corporate Publishing. Modell zur Optimierung der sprachlichen Qualität von Kundenzeitschriften. Saarbrücken.

Schlaak, Thorsten (2003): Eine Plattform für alle Medien. Wie integrierte Kundenkommunikation bei Microsoft Deutschland funktioniert.. München (unveröffentlichtes Manuskript).

Schmitz, Thomas (2004): Kundenzeitschriften. Mehrwert für Marken. Göttingen.

Schmitz, Thomas (2003): Ein schönes Sahnehäubchen. In: Werben & Verkaufen, 37, 78.

Schönherr, Katja (2010): Weltweit wirken. Corporate Publishing. In: Versio 1/2010, 30–33.

Spitzer-Ewersmann, Claus (2003): Für die Ewigkeit. Corporate Books. In: Werben & Verkaufen, 37, 76–78.

Steinmetz, Heike (2003): Erfolgsfaktor Kundenzeitschrift. Von der Idee bis zum Vertrieb. Bonn.

Stelzer, Josef (2000): Brückenschlag ins Netz. Kundenzeitschriften. In: Werben & Verkaufen Special 16, 58–59.

TNS-Emnid (2010): Erfolgskontrolle für das Corporate Publishing, Bielefeld

Tomczak, Torsten/Müller, Frank/Müller, Roland (1995) (Hg.): Die Nicht-Klassiker der Unternehmungskommunikation. St. Gallen.

Uffmann, Tobias (2008): CP 2.0. Corporate Publishing im digitalen Zeitalter. Gütersloh.

Vaih-Baur, Christina (2008): Corporate Publishing – Kundenzeitschrift. In: Lies, Jan (Hg.): Public Relations. Ein Handbuch. Konstanz.

Vogt, Klaus (2004): Emotional Publishing. Erfolgreiche Unternehmenskommunikation mit Gefühl. Hamburg.

Von Heydebreck, Amelie (2002): Unternehmen Unterschlupf. In: Frankfurter Allgemeine Sonntagszeitung vom 10.11.2002, 31.

Waser, Gregor (2001): In Krisenzeiten umso wichtiger. In: Marketing & Kommunikation 12, Beilage 10–16.

Weichler, Kurt (2007): Corporate Publishing: Publikationen für Kunden und Multiplikatoren In: Piwinger, Manfred/Zerfaß, Ansgar (Hg.): Handbuch Unternehmenskommunikation, 441–451.

Weichler, Kurt/Endrös, Stefan (2009): Wie glaubwürdig sind Kundenzeitschriften? Gelsenkirchen (unveröffentlichte Studie).

Weichler, Kurt/Plan P. (2005): Kundenzeitschriften 2005. Kosten und Organisation Gelsenkirchen (unveröffentlichte Studie).

Werben & Verkaufen (2002): Mediaedge:CIA. Sensor Kundenzeitschriften. Im Internet unter: http://www.wuv.de/daten/studien/032002/511/summary.html (25.8.2003).

Werben & Verkaufen (2000): Kundenzeitschriften. Trends 2000. München.

Zerfaß, Ansgar (1996): Unternehmensführung und Öffentlichkeitsarbeit. Grundlegung einer Theorie der Unternehmenskommunikation und Public Relations. Opladen.

Zimpel (Hg.) (2004): Kundenmagazine. Your key to a rising market. München.

Zugmann, Patrizia (2002): Unter Strom. In: Werben & Verkaufen, Analysen und Trends. 16, 26–28

Index

A

Abkürzungen 162
Absatzförderung 73, 111
Administration 186
Adressmaterial 186
Aktualität 119
Allensbacher Relation-Media
    Analyse (ARMAda) 136
Allensbacher Werbeträger
    Analyse (AWA) 49, 135
Anglizismen 161
Anzeigen
    ~ als Refinanzierungs-
        möglichkeit 47
    -einnahmen 48
    Fremd- 47, 50, 134
    Gegengeschäfts- 47
    -geschäft 48
    -platzierung 178
    -statistik 48
    -verkauf 48
Apotheken-Umschau .. 18, 35, 114
Arbeitgeber 191
Association of Publishing
    Agencies (APA) 80
Audi Magazin 138
Auflage 35, 154, 155
Ausbildungsweg 193
Authentizität 21

B

Bäckerblume 18, 89, 118
Bebilderung 176

Beratung 74, 77, 81
Bericht 165
    -erstattung 26, 111, 121, 139,
    142
Bild 181
    -bearbeitung 187
    -honorare 189
    -material 177
    -rechte 45
    -redaktion 176, 187
    -unterschrift 179
Bilder 132, 178, 181
    abgenutzte ~ 162
    schiefe und falsche ~ 162
    Symbol- 132
    Werbe- 132
Bleibgesund 35, 57
BMW Magazin 19, 118
Bogenoffset 154
Branche 55
    Automobil- 57
    Energie- 59
    Tourismus- 58
Branchenpresse 18
Buchjournal 18
Budget 41
Business to Business 19
Business to Consumer 19

C

Centaur 92
Co-Marketing 47
Copypreis 20, 36, 48, 134

210

Corporate
  ~ Books 64, 66
  ~ Design (CD) 128, 129
  ~ Identity (CI) 77
  ~ Publisher 65, 73
  ~ Publishing 17, 50, 51, 141, 191
  -Publishing-Branche 7, 10
  -Publishing-Dienstleister 53
  -Publishing-Markt 35
Coupon 82, 83, 85, 87
  intelligenter ~ 82
Couponing 71
  -Aktion 71
  -Vorteil 73
CP Basics 137
CP Impact 138
CP Target 138
CP-Standard 137
CRM-System 84
Cross Selling 47
Crossmedia 67, 69
Customer Relationship Communication (CRC) 69
Customer Relationship Management (CRM) 69

D

Darstellungsformen 27
  journalistische ~ 26, 162, 175
  meinungsbetonte ~ 163, 170
  phantasiebetonte ~ 163
  tatsachenbetonte ~ 163, 164
Design 133
  Re- 133
Deutsche Akademie für Public Relations (DAPR) 193
Dienstleister
  externe ~ 18, 29, 44, 51, 129

Finanz- 55
Honorare für ~ 44
Honorare für redaktionelle ~ 45
Kundenzeitschrift- 54
Differenzierung
  ~ von Wettbewerbern 24
Digitaldruckverfahren 154
Dramaturgie 177
Druck 184
  -verfahren 154
  -vorstufe 183

E

Eigeninserat 47
Einfachheit 161
Elemente
  tragende ~ 178
  Zusatz- 178, 182
Erfolg 140
Erfolgs
  -analyse 140
  -faktor 140
  -kontrolle 140
Erlöse 134
Erscheinungsweise 155
Etat 28
European Institute for Corporate Publishing (EICP) 12, 19, 28

F

Feature 167
Finanzierung 41
Format 151
  Berliner ~ 153
  Magazin- 152
  Nordisches ~ 153
  Rheinisches ~ 153
  Sonder- 152

211

Forschungsstand 8
Forum Corporate Publishing
  (FCP) 9, 11, 17, 34, 51, 80
Foto 166, 181
Freiwilligkeit 142
Führung
  integrierte ~ 140
Full Service 51
Füllwörter 162
Funktion 23
  Informations- 26, 113
  Integrations- 27, 113
  Interaktions- 27, 114
  Unterhaltungs- 27, 113
Funktionalität 133

G

Gesamtetat 42
Gestaltung 187
  visuelle ~ 128, 135
Glaubwürdigkeit 20, 21, 26, 52,
  73, 116, 118, 119, 121, 135
Gliederung 161
Glosse 173

H

Herausgeber 191
Herstellung 187

I

Image 24, 25, 49, 51
  -aufbau 22, 28, 134, 147
  -gestaltung 132
  -pflege 111, 147
  -schaden 131
Informationsbedarf 143

Informationsgemeinschaft zur
  Feststellung der Verbreitung
  von Werbeträgern (IVW) 37,
  48
Inhalt 160
Inhaltsverzeichnis 178
Insiderwissen 26
Interaktivität 121
Internet 67
Interview 168

J

Jahresplanung 156
Journalismus 22, 52, 160
  guter ~ 119, 121
  professioneller ~ .. 118, 121, 160
Journalisten 194

K

Karikatur 174
Kaufzeitschrift 52, 111, 152
  -verlag 54
Kolumne 173
Komfort 142
Kommentar 171
Kommunikation 73
  ~ aus einem Guss 143
  Integrierte ~ 68
  Unternehmens- 21, 22, 23, 28
  Werbe- 74
Kommunikations
  -instrument 23, 127
  -medium 87
  -plattform 69
  -situation 145
  -ziele 146
Kompetenz 127
  fachliche ~ 126
Konkurrenz 149

Index

Konkurrenzkampf 112
Kontaktpresse 16
Kosten 41, 132, 187
  ~ senken 144
  anfallende ~ 188
  -beispiel 188
  -block 187
  Gesamt- 43
  -management 187
  Produktions- 46
  technische ~ 45
  Versand- 45
Kritik 174
Kunden 24, 80, 148
  Alt- 71
  -anreize 80
  Bestands- 24
  -bindung ... 22, 25, 28, 62, 73, 76,
    111, 127, 137, 143, 147
  -bindungs-System 81
  -buch 64, 66
  -gewinnung 111
  -interessen 80
  Neu- 62, 71
  -orientierung 143
  partnerschaftliche
    -ansprache 81
  -Stimulierung 76
  -verluste 80
  -vorteile 82
Kundenzeitschrift 15, 22, 25, 122,
  127, 140
  ~ als Leitmedium 70
  ~ für Endverbraucher 19
  ~ für Geschäftskunden 19
  ~ im Internet 68
  ~ mit TV-Programm 61
  Art der ~ 38
  Bekanntheit der ~ 115

Distributionswege der ~ 185
Einstellung zur ~ 117
Erfolg der ~ 123
Erscheinungsweise der ~ 40
Finanzierung der ~ 41
Format der ~ 38
Gründe für eine ~ 141
Konzeption der ~ 146
Merkmale der ~ 20, 38
Nutzung der ~ 115
Seitenumfang der ~ 39
Verkauf der ~ 47
Vertrieb der ~ 40
Wirkung der ~ 176
Ziele der ~ 17

L

Laviva 21
Layout 177, 178, 182
Leitartikel 172
Leser
  -akzeptanz 112
  -bedürfnis 113
  -Blatt-Bindung 12
  -führung 121
  gezielte -orientierung 140
  partnerschaftliche
    -ansprache 75
  -schaftsdaten 135
Lifestyle 124, 125
Lobhudelei 123
Lufthansa Magazin 19, 58, 96
Lukullus 18

M

Magazin 150
Markenbindung 127
Marketing 22, 28
  -erfolg 137

-Inhalt 76
-Medien 80, 85
-Medium 76
Permission ~ 75, 81
-Plattform 84
-Ziele 80
Marktforschung.................. 78, 148
Mediaanalyse (MA)...................135
Medien.............................. 75, 80
 Sales- 87
Mehrwert.............. 24, 73, 81, 142
Meinungsbildung 74
Meldung 164
Mitarbeiterzeitschrift.................16

N

Nachricht 164
Newsletter...................................42
Nulltarif-Presse 17
Nutzwert 135, 144

O

Objektivität..............................119
Öffentlichkeitsarbeit 22
Originalität 120

P

Papier..153
Partnerschaft 78
Point of Interest (POI) 19
Point of Sale (POS) 19, 184
Porträt..167
Postversand 184
Prägnanz....................................161
PR-Ausbildung...........................193
Produktion
 externe ~ 31
 interne ~ 31

Profil
 unverwechselbares ~ 130

Q

Qualifikation..............................192
Qualität
 inhaltliche ~ 122
 journalistische ~ 118

R

Raum 142
Redaktion....................29, 183, 187
Refinanzierung..........................147
Reichweitenstudie...................136
Relaunch 182
Relevanz....................................119
Reportage..................................166
Response...................................127
Results 19
Rezension 174
Rezeptionsforschung 11
Richtigkeit...................................120
Rollenoffset..................................154
Rubrizierung...............................157

S

Sales-Magazin.............................. 86
Satz
 Ab- 161
 Aktiv-..161
 -länge 161
 -spiegel 178, 180
 Steh- 160
 -variation.................................161
 -verknüpfung.........................161
Schaubild...................................169
Schrift..178
 Grund- 179
 Lauf- 179
Seitenumfang........................... 12

Selbstdarstellung 21, 122
Sellingeffekt 76
Service 77, 170
Serviceangebot 116
Spalten 178, 180
Spannungsbogen 178
Special-Interest-Magazin 136
Sprache 160
    Experten- 162
Stakeholder 16
Stimulanz 161
Storytelling 77, 87
Streuverlust 141
    geringer ~ 27, 39
Synergieeffekt 52

T

Text 132, 181
    -redaktion 187
The Mini International 107, 124
Themen 148, 175
    aktuelle -planung 157
    -auswahl 125, 147
    -planung 156
    rezipientenbezogene ~ 125
    unternehmensbezogene ~ ... 125
Themenwahl
    zielgruppengerechte ~ 122
Think
    Act 19, 100, 124, 157
Tiefdruck 154
Titel 35
T-Mobile_Life 103
TNS Emnid 12, 114, 137
Transparenz 120, 143, 161

U

Überschrift 179
Umfang 153

Umsatz
    ~ der Kundenzeitschriften-
    branche 50
    Gesamt- 50
Unentgeltlichkeit 21
Unique Selling Propositon 24
Unterhaltungswert 12
Unternehmen 18
Unternehmens
    -buch 64
    -presse 18

V

Verkaufsförderung 28
Vermittlung
    Emotions- 77
    Informations- 77
    journalistische ~ 78
Versicherungen 55
Verständlichkeit 121, 160
Vertrieb 144, 184, 187
Vielfalt 120
Vorteil ... 25, 27, 51, 61, 62, 72, 76,
    82, 151, 156
    mediumsspezifischer ~ 142

W

Wachstumspotenzial 50
Werbekostenzuschlag 47

Z

Zeitschrift 151
Zeitung 151
Ziele 146
Zielgruppe 19, 147, 155, 160
    Festlegen der ~ 146
Zielgruppen
    -affinität 137
    -genauigkeit 27

UVK:Weiterlesen

PR Praxis

Ralf Spiller, Hans Scheurer (Hg.)
Public Relations Case Studies
Fallbeispiele aus der Praxis
2010, 282 Seiten
75 s/w Abb., broschiert
ISBN 978-3-86764-234-7

Peter Szyszka, Uta-Micaela Dürig (Hg.)
Strategische Kommunikationsplanung
2008, 256 Seiten, broschiert
16 s/w Abb. und 52 farb. Abb.
ISBN 978-3-86764-052-7

Daniel Marinkovic
Die Mitarbeiterzeitschrift
2009, 200 Seiten
30 s/w Abb., broschiert
ISBN 978-3-86764-126-5

Jens-Uwe Meyer
Kreative PR
2007, 232 Seiten, broschiert
ISBN 978-3-89669-599-4

Claus Hoffmann, Beatrix Lang
Das Intranet
2., überarbeitete Auflage
2008, 198 Seiten
30 s/w Abb., broschiert
ISBN 978-3-86764-081-7

Klicken + Blättern

Leseprobe und Inhaltsverzeichnis unter
www.uvk.de
Erhältlich auch in Ihrer Buchhandlung.

UVK Verlagsgesellschaft mbH